為什麼你的團隊不給力？

帶人不帶心，憑什麼衝業績

Jackie
梁櫰之——著

時報出版

目次

推薦序一　突破自我、成就億萬團隊的領導心法

Jackie 是一位深受金融壽險業喜愛的老師，充滿精力與教學熱忱！除了透過上課、APP，啓發無數人，更難能可貴的是，他不停精進，將個人長期的智慧經驗，透過歸納整理，以文字、影片、APP等模式，傳遞給不同需求的學員。

過往的領導管理著作，有的來自於當事人口述，記者潤稿，中間的智慧傳遞，有部分是潤稿人的猜想，個人經驗表述，故事精彩但不容易留下印象。有的來自於學者專家，集各家大成，學術觀點，企業案例，論述生動扎實，但多數並非來自個人實際創業體驗，仍有些隔靴搔癢之憾！

本書內容分爲四個章節，來自於過去 Jackie 老師的個人實務經驗，突破自我，帶領團隊，一步一腳印，創造驚人高績效的成功經驗與心路歷程，完全有別於過往的領導管理書籍。架構清晰易懂，每個段落都發人深省，值得細讀推敲。看完我也深受啓發！

一個好的文字作者，已經非常不容易！一個好的企業領導人，還能兼具好的文字表述整理，更加困難！

Jackie 老師，學通中外，對人情世故、企業領導管理，有著深刻動人的經歷與成功經驗，看完一定能讓人心有所感，深受啓發！

個人有幸拜讀留序，也期待讀者們可以一饗 Jackie 老師的智慧結晶，徜徉成爲卓越領導人的經驗大海。

呂翊榮
弘育企管顧問公司執行長
各大金融機構稅務財經老師
中國平安集團財稅顧問
私人銀行財稅指導老師

推薦序二　管理者帶人，領導者帶心

企業之經營，團隊之管理，成敗的關鍵在「人」。縱有天衣無縫的營運策略，無懈可擊的發展方針，如果缺少了執行的「人」，結果可想而知，不是淪爲漫無章法的紙上談兵，就是陷於永無止境的人事爭鬥。因此身爲領導者，其所肩負的職責，實有舉足輕重的重要性。

「眞正的領導不是事必躬親，而是指出未來之路。」每一位領導者，都是組織團隊的舵手，帶領著部屬前行，期望達成更高的績效，挑戰更大的目標。然而，不是每一位領導者都能成爲稱職的舵手，因領導的對象是「人」，面對的是錯綜複雜的人性，雖然有邏輯理論可循，結果卻非一成不變。同樣一句話、同樣一種方式，在不同的部屬身上，可能會有截然不同的反應，而這就是領導者最大的難處與試煉。

將帥無能，拖累三軍，當團隊不給力時，到底是誰的錯？問題出在哪裡？這常是領導者心中最大的問號。管理與領導是一體，帶人與帶心是兩面，領導者的思維和作爲，可以載舟，亦能覆舟，更有甚者，百分之一的錯誤，可能導致百分之九十九的努力和心血付之一炬，功虧一簣。所以，當責的領導者，時時刻刻心懷戒慎恐懼，每一步都走得小心翼翼，如臨深淵，如履薄冰，畢竟破壞永遠比建樹來得容易且快速。

在領導管理的場域裡，Jackie 無疑是經驗豐富的實踐者，更可貴的是他將經驗形諸文字，相信每一位讀者，都能在書中找到答案，消弭心中的問號。透過本書所揭示的方法及技巧，進一步幫助領導者帶人帶心，成就部屬，發展組織，打造給力的團隊。

吳焰財
保德信人壽業務經理

推薦序三　心的領導，邁向新的卓越

Jackie 老師是個愛說故事的人，他的故事總是令人覺得生動有趣而雋永回味，更融合豐富的生活歷練，往往多方轉折且出人意表，因而產生出許多的聯想與啓示。聽他說故事，可以感受到他毫無保留的熱情，同時藉由相當嚴密的理論基礎，誠摯的希望把最好的想法與經驗分享給大家。相信這是他成功最重要的關鍵因素，也是使他成爲卓越領導者的核心能力。三年前，梁老師講了一連串精彩的故事，出版了《成交在見客戶之前》一書，透漏了成爲頂尖業務的五項修煉；在眾人的期盼下，很高興老師要發表更高階的心法，出版新書《爲什麼你的團隊不給力》，闡述在形象光環背後的銷售本質，探討錯綜複雜的人格特質與人性弱點，分析領導統御的核心問題，進一步架構出建立優秀團隊的具體步驟。

領導是一門藝術，涵蓋了帶領者獨特的天賦與人格特質，更結合了環境的挑戰與歷練的過程，因此探討領導的方法與理論可謂百家爭鳴各有擅長。Jackie 老師獨到地將領導視爲自我修煉的一部分，在書中引述「領導團隊時，最大的挑戰是領導自己」，赤裸裸地揭露「領導者產生負評的七種狀況」，積極地列舉「贏得追隨者的十種特質」，強調領導者應有的紀律並列出「每日必做的五件事」，更針對「避免適度放縱自我人格特質」提出不同個性領導者必須自我督促的要領，並且對自我成長的具體作法，提綱挈領條列分析，使得本書具有精彩的內容與實用價值。

人們常說，「天時、地利、人和」是成功的三要素，而且以人和爲貴。但是，鍾鼎山林各有天性，人與人的習性與價值觀差異甚大，往往使得帶人成爲一個最爲複雜的課題。本書藉由DISC的分類將掌控型、感覺型、資源型、謹愼行四種主要的人格特質，以表列方式呈現，讓讀者得以簡馭繁地明白原本複雜的理論，迅速掌握到要領，並且點出團隊裡相處激勵、指派工作的原則。更將不同特質領導者與不同特質部屬換位溝通，做成十六種排列組合分析，相信可以爲讀者在工作中與生活裡的人際相處帶來不少啓示。

Jackie的領導學，除了具有豐富的學理基礎與實戰經驗外，更強調以「建立一個家庭作爲團隊的核心價值」，除了業績之外，同時努力與部署夥伴建立「感情帳戶」，彼此信賴合作，產生團隊的安全感與歸屬感，造就一個「對的環境」，進而茁壯成一支精湛的球隊。藉由帶人帶心的領導，使團隊在面臨不同挑戰時都能化解危機，進而邁向新的卓越。

《爲什麼你的團隊不給力》出版時，正逢二〇二〇年全球新冠病毒肆虐，世界充滿不安的時刻，別具時機上的意義，特別值得推薦給迎向挑戰、追求卓越與突破的您，細細品味思量！

游敬倫

龍合骨科診所院長

前言　你的工作就是讓號角響起

不知哪來的勇氣，才讓我下定決心再次提筆寫第二本書，對於才疏識淺的我來說，靠著自己逐字逐句的拼湊出一本書，是個極大的挑戰，縱使已經有第一本書《成交在見客戶之前》的經驗，但對於自我要求甚嚴的我來說，再寫一本書依然是個毅力與恆心的考驗。所幸我有好友吳焰財與時報文化國祥主編的鼎力相助，才讓我肆意妄爲的決定再次提筆，尤其要感謝好友吳焰財運用他的專長與時間，再次在這本書中無償擔任看不見的要角——幫我潤稿。

我在二十二歲從基礎業務員開始做起，只用了一年四個月，靠著優異的業績，從業務員、業務主任、業務副理晉陞到業務經理，這時我被公司（寰宇家庭，World Family）派到香港，負責從零開始開拓市場及發展組織。說實在的，當我接受這個重擔時，我對「管理、領導」根本一無所知，所以在出發到香港之前，老闆特地把我送去黑幼龍親授的卡內基領導訓練班，雖然當時只有兩天的訓練，但已對我帶領團隊的能力產生啓蒙的作用。到了香港之後的日子，我從未停止過學習，並盡力做好一位管理者與領導者的角色。

在香港分公司的草創時期，全公司只有四個人，一個行政部經理，一個行銷部經理，一個祕書還有一個業務經理，而那個業務經理就是我。我必須親自登門拜訪客戶，透過不停的銷售，找出在香港能夠成功銷售的方程式，同時開始招募發展團隊，將我成功銷售的模式複製給團隊的每一個成員。

一個只有二十三歲初出茅廬的異鄉人，想在競爭激烈的香港市場打下一片江山，確實不容易，但我的運氣很好，得到兩位香港老友 Mike 與 Tommy 的鼎力相助。他們兩位是我在溫哥華就認識多年的老友，剛好他們都已回流香港，爲了說服他們加入無底薪的銷售工作，我必須用結果來證明：這個工作絕對值得投入。

於是我當著他們的面，打電話成功約訪了十幾位客戶，並帶著他們一起去客戶家裡拜訪。很幸運的，我在他們面前成交了每一位見到面的客戶，透過親自銷售展示，成交一套要價五萬多港幣的幼兒美語教材，並非想像中的困難。我隻身飄洋過海到香港奮鬥的決心與成功銷售的結果，帶給了他們莫大的信心，最後決心並採取行動加入我的行列。

這就是我在本書第一章所強調的「建立領袖特質」，領袖特質包含了很多面向，我在書裡會詳細論述，而其中兩項就是剛剛提到的「個人能力」與「具冒險的性格優勢」。當一位領導者具備領袖特質時，才值得被信任，被信任後才會有追隨者，所以「建立領袖特質」就是發展組織的起手式。

我是從基礎業務員出身的業務經理，我深刻體會到，業務員每天面對最多的絕不是「成交」，而是失敗！如果領導者無法建立一個避風港，在致力於招募增員的同時，一定會面臨人員的快速流失，以及團隊內部的人事紛爭，稍有不慎，辛苦建立的團隊可能毀於一旦，這是我在第二章要特別提醒的「打造一個安全圈」。當業務員見過客戶後，無論帶回來的是「喜訊」還是「壞消息」，他們都知道這個團隊願意與他一起同歡或一起承擔。當領導者成功創造一個如同一家人的氛圍時，部屬才有意願主動招募，組織才會快速壯大。

第三章我將分享人格特質的判別與運用，因爲領導團隊和銷售商品一樣，對象都是「人」，要開啓合作、減少紛爭，進而建立一個家庭，領導者就必須了解自己與團隊成員的人格特質，因爲你絕對不可能只用一種溝通方式，卻期望每一位部屬都能接受。你得成爲一個變色龍，運用每位部屬各自不同的人格特質，找出他們工作的動機與夢想，並時時提醒讓他們無所畏懼的繼續往前。

第四章談到哪些人該「管理」？哪些人該「領導」？這個方向絕不能顛倒錯置。我發現業務分爲兩種，一種是老鷹、一種是鴨子，什麼是老鷹？Top Sales 就是老鷹，什麼是鴨子？就是只會成群圍著呱呱叫，什麼事也做不了。雖然我們希望團隊每一位成員都是老鷹，但得承認，無論你如何做，在團隊中的老鷹只有二〇%，但這二〇%的人卻包辦了整個團隊八〇%的業績。對於這群老鷹，你只要透過領導的方式激勵他們即可，無須管太多，至於剩下八〇%的業務，你無法有效的領導與激勵，所以必須透過管理的方式，讓他們願意循著軌道前進。

領導者的工作就是讓號角響起，發揮影響力讓部屬願意跟隨，這就是爲什麼我在香港從零開始，卻可以在第二年就打造出年營業額超過二・五億港幣團隊的祕密，我將毫無保留的在本書與你分享。

最後我要特別將本書獻給當年願意相信我，並與我並肩作戰的香港夥伴們，因爲有你們的支持、犧牲奉獻與全力以赴，我們才能一起締造輝煌的成績，創造一輩子共同的情感與回憶，並從此改變我們的人生。因爲有你們，讓我變得更好，也讓香港從此變成我第三個家，再次感謝你們當年的付出，由衷感謝。

Chapter 1

建立領袖特質

有人願意追隨你嗎？

在一開始我必須先承認，我並不是天生的領導好手，雖然我二十四歲時，在香港就已經親手建立了兩間分公司，但我也是在當上主管之後，才開始摸索學習如何當一個好的領導者。一路走來跌跌撞撞，犯過許多錯誤，即使現在經驗豐富，在未來依然有可能犯錯。所以，根本毋需擔心經驗不足、能力有限、年紀太輕、可能犯錯……，因爲成功的領袖絕不是與生俱來的天賦，而是可以靠後天努力培養的能力，只要願意學習與改變，並裝備好自己，就有機會獲得絕佳的成果。華倫．班尼斯（Warren Bennis）是世界知名的學者，畢生花了大量時間研究領導者和領導力，他得出以下結論：「最危險的神話應該就是——領袖是天生的，領導具有遺傳因素。事實上，情況正好相反。沒有人是天生的領袖。」

1.承諾是變身之旅的開始

「Jackie，你的運氣眞好！上個星期在香港書展，組織獎金就超過臺幣一百萬！」這是一九九九年夏天在馬來西亞的香格里拉度假村，我與臺灣的業務經理一同參與年度高階主管的例行會議，晚上我們一行二十幾人坐在海邊，手上拿著海尼根，圍著營火，享受著徐徐的海風，眾人七嘴八舌討論我在香港的戰功，並對我投以羨慕的眼光。

這時在我的腦海裡，時光回到一年多前，就在出發前往香港的前一晚，臺中同事幫我辦了一場歡送會，在歡送會中同事們都覺得相當不可思議，「Jackie你去香港沒有底薪，還要自掏腰包付房租，重點是除了你之外，沒有任何一位業務！這樣的條件下，爲什麼你還敢去？」

我清楚知道，到香港後將會面對許多困難，就像增員不易、前景不明、景氣不好……，這些原本就常遇到的困境，就是多數人無法成功的藉口，因爲他們都在尋找一個機會，一個可以讓他們馬上點石成金、飛黃騰達的機會，如果這個機會無法保證成功，他們會習慣回到自己的舒適圈。所以身爲主管必須先接受一件事實，如果想成爲一位「値得被跟隨的領導者」，就必須在一開始展現出一定要成功的態勢，並對此許下承諾，因為這場變身之旅必須從自己的承諾開始，沒有速成的技巧與捷徑。所以即使面對未知與不可測，我依然用飄洋過海的行動來展現自己的承諾，因為我明白，唯有當我作出承諾並全力以赴時，才有機會成功。

首先，承諾自己會永遠積極正面。就在我到達香港時，赫然發現我把一切想得太過簡單了，首先面臨的最大問題是房租，由於之前年輕不懂事，我從溫哥華離家出走時，積欠了一屁股卡債，此時雖然已將卡債還清，但能夠帶到香港的只剩一萬港幣。若要租下一百二十呎的套房，第一個月的首付及押金就用掉我八千元港幣了，全部身家只剩下二千元港幣。但慶幸的是，儘管前景混沌不明確，我依然保有積極正面的態度，讓我擁有離開舒適圈的自信與膽識，並在關鍵時刻能夠把握機會、挑戰自我、勇於冒險。

很快的，僅剩二千元港幣的問題已不再困擾我，在第一個星期，我成交了每一位約訪的客戶，所領的傭金超過預期。事實證明唯有凡事積極正面，才有機會更上一層樓，而且更容易發展組織，因為機會是藉由積極正面的態度，跟放手一搏的膽識所創造出來的。無論面對任何困難，永遠保持積極正面的態度與行動，將為自己所立下的承諾，賦予無窮無盡的生命力。

同時，承諾自己會全力以赴並展現韌性。因為香港公司創建之初只有四位員工，包括一位行政部經理、一位企劃部經理、一位祕書以及一位業務經理，這位業務經理就是我，整個公司的業務推動，正等待我的報到才開始鳴槍起跑，所以在香港沒有任何成功經驗可以依循，一切從零開始，甚至當我成交第一件訂單時，連正式的合約書都還沒印好。

一開始，我將自己設定爲「業務員」，必須在最短時間內找出成功約訪的模式，訂定順利成交的銷售SOP，除了個人業績之外，我更重要的工作是擴展組織，如果新進的業務員沒有可依循的成功方法，縱使增員再多優秀的業務人才，很快將會流失脫損，其情況如履薄冰，隨時都有可能陷溺。

因此，我總是第一個到辦公室，最後一個離開，每天至少約見三位客戶，親自登門拜訪銷售，並將成功的約訪模式、銷售流程、關鍵話術、常見問題等，鉅細靡遺的作成記錄。每一場約訪我都拚盡全力做最充足的準備，但此時我初來乍到，對香港的地理環境不甚熟悉，對地名和方位也沒有完整的概念，每趟約訪客戶都像在探險，隨身必須帶著同事教導如何搭車轉車的路線圖，縱使如此，迷路與搭錯車對我來說仍是家常便飯。每天三位客戶的拜訪量，讓我的足跡在一個月內就踏遍了港島、九龍及新界。所以在創建團隊之初，必須全力以赴先讓自己成功，信守對自己的承諾，才能向部屬證明你也能對他人信守承諾。雖然當時我必須獨力登報增員、面試、教育訓練、陪同拜訪、解決銷售問題，完全沒有任何後援，但因爲我具有全力以赴的行動與堅持到底的韌性，就在不斷面對困難與挑戰的同時，在短短的二個月裡，就增員到十八位願意與我進退與共、放手一搏的部屬，而這十八位部屬就奠定我在未來幾年，業績能夠大鳴大放、屢創驚奇的基礎。

「性格優勢」是成功的催化劑。部屬總會在私下談論他們的主管，就在部屬談論的過程中，一個屬於主管的形象與人格特質，就被慢慢的描繪出來並流傳出去。所以當主管懂得作出承諾、永遠保持積極正面、願意全力以赴並且不屈不撓，則已具備了性格優勢，進而能夠建立基礎的領袖魅力，吸引人才加入行列，也才有辦法忍受創業維艱的過程，缺少了性格優勢，身爲主管所具備的其他優點，就會變得零碎且缺乏穩定性。

所以當大家一致認爲，放棄臺灣現有的基礎，前往香港發展是不智之舉，不但離鄉背井，而且前景不明、禍福難料。但因爲我具備上述的性格優勢，就在眾人都不看好的情況之下，第二年我就打造出每年創造二億五千萬港幣業績的團隊。事實證明，具有性格優勢是成功增員與領導的催化劑，不只讓部屬願意信任與追隨，也讓自己全身充滿正向能量，就像一團熾火環繞，沒有任何困難險阻能夠阻擋我前進。當然我也認同在香港的成功有些運氣成分，但是除了百分之一的運氣之外，我付出了百分之九十九的承諾與努力，展現積極正面的態度與放手一搏的勇氣。

2. 拿掉頭銜你還剩下什麼？

當主管有新想法或新創意，部屬會接受嗎？當主管爲了協助提升部屬的士氣與業績，精心籌辦了假日活動，部屬會全體動員、主動參與嗎？開會時主管站在臺上宣達想法、作法與理念時，部屬是聚精會神的聆聽，還是低著頭看 iPad、滑手機呢？

問這一系列的問題，目的是藉此反思，是否留意到自己在團隊裡，是個具有影響力的人嗎？身爲領導者的其中一項重要職責，就是說服他人，影響他人往你的目標方向前進，當然你也可以運用職位所賦予的權威來命令部屬。但顯而易見的，運用影響力的結果，部屬願意全心全意的投入，運用權威的結果，部屬雖然聽命行事，卻陽奉陰違、敷衍了事，而且容易激起部屬的敵意。如果你誤把職位所賦予的權威當成影響力，最後會發現多數的命令宣達，只是在自言自語而已。

影響力從建立信任關係開始。因爲信任是組織得以成功，團隊願意互助，業務願意全心投入，願意共同突破困境、共同創造高績效的先決條件與重要關鍵，而領導者具備可信度，就是影響力的核心。

在我到達香港的第二天，即刻開始著手增員，首要目標就是我原本就已認識的老友——Mike 與 Tommy，爲了說服他們放棄原本穩定的工作，我必須先讓他們相信這個工作可以幫助他們創造更好的生活。於是我邀請他們陪同我去拜訪客戶，在他們面前用不太流利、不太標準的廣東話，銷售一套要價港幣五萬元的教材。就在第一個星期，他們看著我成交超過十位客戶，結果相當令人訝異，我們成交了每一位見到面的客戶，這讓他們看見，並且開始相信一切是可行的。

再來，就是我兌現諾言與約定的時候了，我必須將一切我所知道的技巧與方法，毫無保留的傳授給他們。於是我們一起打電話約訪，並在每一通電話結束後，針對當下所遇到的問題作檢討，找出改進的方案，接著馬上撥打下一通電話。我也陪同他們拜訪每一位客戶，除了放手讓他們練習，我會適時介入協助，一樣在每一場訪談結束後一起檢討改進。唯有兌現承諾才能建立信任感，與部屬之間的信賴關係日積月累而堅實穩固。很快的，兩個月後他們已經可以單飛，只是經驗稍嫌不足，我會在他們遭遇突發狀況時伸出援手，當然他們非常清楚，我已經準備好隨時隨地當他們堅強的後盾。

成爲部屬堅強的後盾，就是與部屬建立信任感的最好方法，雖然Mike跟Tommy是我的老友，但在工作上我們依然下了很多功夫建立彼此的信任感，信任感很難被建立，卻又很容易流逝，當領導者被信任時，才能產生影響力，才能帶領部屬、成就團隊。

領導者必須保持情緒穩定度。有一次參加某大公司的地區單位早會，當我一踏進辦公室，就感受到一股肅殺之氣，每個人一大早都展露出緊張的態勢，直到開會時我才恍然大悟，原來單位經理的情緒非常激動，言詞間罵出不少髒話，所有業務坐在下面悶不吭聲，面無表情！事後問了業務才知道，原來每天早會都例行上演同樣的劇碼。這讓我回想當初剛當上主任時，曾在電話裡對著一位報到一個多月，年紀大我二十歲的新人，情緒化的吼了一句「You are fired」。

領導者的自我形象是什麼？希望部屬如何看待？如果部屬每天都在猜「不知道老闆今天的心情如何」時，將很難獲得信任，更遑論發揮影響力，所以在領導他人之前，首要之務就是管理自己的情緒。

不穩定的情緒大多來自於壓力、恐懼以及憂慮，對一位業務經理來說，這一切情緒波動的根源在業績。當你發現某些業務在業績快截止時，仍然無法達到最低標準，你會集合他們開會檢討嗎？在檢討會上你會口出惡言嗎？你會語帶威脅嗎？如果你放任壓力所帶來的負面情緒蔓延，以此來檢討部屬的業績，勢必一點一滴的失去影響力，因爲業務員絕不會故意讓自己的業績不好，他們欠缺的是達成業績的方法，而不是領導者情緒失控所加諸的壓力。

所以身爲領導者，必須時時察覺自己的情緒，學會面對壓力和恐懼，管理克制自己的憂慮，當有情緒產生時，要冷靜的引導自我思考，而不是思考時帶著情緒，這樣才更容易獲得部屬的信任。

養成自我反省的習慣。鴻海集團董事長郭台銘在二〇一八年六月二十一日的股東會上，向現場所有的股東鞠躬道歉，因爲去年營收成長一〇%的承諾並未達成，並說：「沒有任何理由，在這裡跟大家說抱歉。」

早在一九八三年美國哈佛大學教育所教授霍華德・加德納（Howard Gardner）就提出多元智能理論，闡述一個人的智能（IQ）不是只有一種，而是有七種，包括：語文智能、邏輯數學智能、肢體運作智能、空間智能、音樂智能、人際智能及內省智能。這七種智能當中，有一種智能是成爲頂尖領袖不可或缺的，也就是必先熟練這項智能，才能讓其他六項智能發揮點石成金的力量，這項不可或缺的智能，就是先前提到郭台銘董事長向股東道歉的舉動——內省智能。

身爲領導者必須明白，你不必爲了證明自己是上司，就堅持自己的決定都是對的。事實上，如果你固執而堅信，只因爲你是上司就一定是對的，凡事只會檢討部屬、歸咎部屬，結果就是讓部屬覺得你沒有自信、沒有方法、領導風格有問題且難以讓人信任。

我們可以從幾個方向開始著手，去強化自我反省的能力。首先，就像郭台銘一樣，如果有錯就大方承認，因爲承認錯誤、展現誠實並不是弱點，誠實反而會讓你更加平易近人，也能獲得部屬的信任，因爲掩飾過錯、強詞硬拗的結果，只會損及自己的領導威信。再來就是樂於接受新的建議與想法，愛因斯坦說過：「一遍又一遍的重複做同一件事情，而期待有不同的結果，這個人肯定是精神錯亂。」對於部屬的建議保持開放的態度，包容各種聲音，容許有不同的意見，才能建構一個充滿朝氣、生氣勃勃的職場環境。最後，收集所有可行的新點子與建議，邀集重要幹部及人際關係良好的夥伴一起參與討論，作出絕大多數人皆能認可的決策，請所有參與討論的人一起在組織內推動執行。

領導者不必天生就擁有自我反省的能力，但一定要努力培養這個習慣，因爲自省能力就是成爲優秀領導者的關鍵，也是獲得部屬信任的關鍵，更是發揮影響力的關鍵，不然擁有經理的頭銜，也只能證明一件事情，就是「你只是剛好是對方的主管」，如此而已。

3. 專注讓你產生魅力

要成爲領導者，必須擁有願景，也就是能夠帶領部屬脫離困境、展望未來的能力。但要成爲一位優秀的領導者，需要的不只是願景，還必須有專注力，才能讓願景得以實現。所以缺少了專注力，就算有再好的願景，終究會變成光說不練的白日夢，做任何事都不可能成功。

記得我的妹妹跟我分享過一段她與我們臺灣公司業務夥伴的對話，這是在臺北國際書展的展覽會上，業務邀請她坐下來了解產品，因爲我妹妹知道我就在同一家公司任職，所以婉拒了業務的邀請：「不用了，我哥也在你們公司上班，有需要我會找他。」「咦！你哥是哪一位啊？」業務好奇的想知道，我妹妹是隨便搪塞還是眞有其人。「你應該不認識吧！我哥在香港，不在臺灣。」「在香港！叫什麼名字呢？」業務更好奇的追根究底。「他叫 Jackie，你認識嗎？」「哇！妳哥就是 Jackie 喔，雖然我不認識他，但我們都知道妳哥在香港賺翻了！」「賺翻了？」我妹妹重複了這一句話，並收起笑臉，兩眼直視著這位業務，義正嚴辭的補充：「什麼叫賺翻了？你知道我哥在香港一天工作十六小時嗎？你有嗎？」我妹妹之所以知道我在香港一天工作十六小時，是因爲她曾經到香港旅遊，在我那裡借住幾天，她親眼看到我每天早出晚歸，將所有精力專注在工作上，全神貫注的一步步朝著願景邁進。

「我每天全力以赴，直到沒有體力做再多的努力爲止。」這就是我在香港奮鬥時鼓勵自己的座右銘。

專注當下，就是領導者學習專注力的首要功課。當我們每天一睜開眼睛，可能人都還沒有到公司，手機裡需要處理的訊息就已經塞爆了，而當你到達公司之後，臨時發生的狀況不斷湧入，同時間要處理好幾件事情，除了打亂了你原本的行程表，也打亂了你應該一次只做一件事的專注力。

我在網路上看過一個故事：

信徒問禪師：「您是有名的禪師，可有什麼與眾不同的地方？」

禪師回答：「有。」

信徒接著問：「那是什麼呢？」

禪師：「餓的時候我就吃飯，疲倦的時候我就睡覺。」

信徒疑惑的問：「每個人不都是這樣嗎？這有什麼與眾不同之處呢？」

禪師說：「你們吃飯的時候總是想著別的事情，不專心吃飯；睡覺時也總是心煩意亂睡不安穩。而我吃飯就是專心吃飯，什麼也不想；睡覺就專心睡覺，所以睡得安穩。這就是我與眾不同的地方。」

所以專注就是力量，雖然總是有許多事情等著你處理，但是當你將越多事情放在一起處理，不但會拖慢處理的速度，也會產生「事情可能無法如期完成」的焦慮。就像我在上一本著作《成交在見客戶之前》分享某次去受訓，我們一行一百多人徒步走過燒紅的木炭，全部人都如期達成，沒有任何一個人受傷，就是因爲專注於當下所產生的力量。現在與你分享我在香港一天工作十六小時的例子，並不是要鼓勵超時工作，如果無法專注於當下全力以赴，就算一天工作十六小時，每天最早到，最晚離開，也不會對單位業績有任何幫助，只會顯得自己無能而已。

所以領導者必須專注的依循一個方向，全力以赴直到成功爲止，當專注力聚焦時就會有能力施展所有潛力，就像陽光需要透過凸透鏡的聚焦才能引燃物品，當專注於眼前的工作，才能讓事業發光發熱。

以身作則。你希望你的部屬全力以赴嗎？是現在馬上全力以赴？還是明天再全力以赴？如果身爲領導者是部屬的榜樣，你該用專注的行動來作一個好榜樣。成功的領導者會先從自己開始做起，要求自己言行一致、講求紀律，因爲你不會想被貼上「講一套、做一套」的標籤。

當時我們除了使用電話約訪之外，還找出了另一個獲得業績的方法，就是到商場租臨時攤位布點，所以每個星期六、日就是我們最忙碌的時候。爲了讓臨時攤位看起來像樣一點，我們訂製了一個大型背景（backdrop），買了電視、書架以及好幾組桌椅，平常這些工具就放在公司裡。我與部屬約好，每個星期六一大早在公司集合，一起將所有工具搬上貨車，再一起搭車到預定的商場將工具搬下車，我們必須在商場開門前將所有物品就定位，如此才能順利展開一天的銷售工作。我們從開始集合到商場關門休息，一天工作超過十六小時，而我一定是第一個到，陪著他們工作到最後一刻並一起離開商場。

領導者總是充滿勇氣並身先士卒，爲下屬披荊斬棘，當公司導入新的政策時，你是第一個響應並實施的人。所以身爲領導者應該作爲部屬的榜樣，如果只是透過職位所賦予的權力來命令部屬，通常效果不會太好，因爲權力只能改變部屬的行爲，無法改變做事的態度，所以別擋自己的路，做一個言行一致並以身作則的領導者。

力求上進。要成爲一位優秀的領導者並不容易，必須一肩扛起重責大任並時時面對未知的挑戰，我們該如何讓自己隨時作好準備呢？答案就是持續學習，唯有持續學習才能擴展視野、提升格局。

在我創立團隊的第二年，我說服幾十位部屬自己掏錢付機票，自己掏錢付三萬多臺幣的學費，我們一行人浩浩蕩蕩從香港飛到臺灣揚昇高爾夫球場，只爲了參加爲期三天兩夜的自我成長課程。當然我也是以身作則自掏腰包全程參與，我不太在意那三天沒有業績產出，因爲業績只是一時的，領導者與部屬共同成長的記憶與情感的建立卻是永遠的。

爲什麼部屬願意跟隨我，並自掏腰包大老遠飛到臺灣訓練？因爲我本身就熱愛學習，常常參與許多海內外課程，例如：馬來西亞登神山、日本穗高岳、馬來西亞雨林生存訓練、卡內基每一階段的課程、新加坡DISC認證課程、日本行銷技巧訓練、尼泊爾野地訓練、圓桌課程等等。因爲透過不斷的學習，才能讓我有能力在帶領組織的旅程中堅持下去，然後影響部屬與我一起進步。當領導者創造一個學習型組織的同時，即能透過學習凝聚共識並創造共同願景。

所以你得自己掏錢買書、自己掏錢上課，與部屬一起成長、一起進步，那麼你們的關係會像是一個存款戶頭，戶頭裡的數字與日俱增，因爲你一貫堅持當初的承諾。如果你的把戲只有那幾套，即使你是個再好的經理，終究會變得了無新意，所以別再怪罪許多業務就是講不聽，怎麼輔導開導都沒用，完全沒有上進之心。你有這樣的部屬嗎？還是因爲部屬有你這樣的主管？請給部屬一個跟隨你的理由。

你是個夢想家

「你想一輩子賣糖水？還是想跟我一起改變世界？」據說當時賈伯斯能說服百事可樂的CEO約翰．史考利來擔任蘋果的CEO，就是給了史考利一個遠大的夢想。

銷售工作存在許多不確定因素，所以業務員沒簽單的日子總是比簽單的日子多，但是能夠帶領他們繼續往前走的一個主要原因，就是因為他們擁有夢想！擁有夢想可以讓業務員即使面對重重挫折，依然可以保持正面的態度，而贏得競賽、業績滿貫、職位晉陞，這些就是業務員的夢想。

身為領導者的責任，就是找出每一位部屬的夢想，然後去滋養並守護這些夢想。當員工的夢想與期望破滅時便會離職，更糟的是離職後會留下負面的爛攤子，讓其他人對公司或對你產生質疑。

所以我們的工作就是去幫助部屬了解自己的潛力，提升對自我的期待，並強化他們追夢的能力，讓部屬抱持「明天會更好」的想法，並為下一張訂單而耕耘努力。

1. 找到關鍵左右手

領導能力必須要靠領導者自己來養成，但是千萬別天真的以爲，單靠自己的才華和本事，就能決定組織的成敗，你必須找到優秀的人才願意參與合作，才能幫助你的價值觀與夢想在組織裡擴散延續，所以找到關鍵左右手，就是團隊得以成功的開端。聰明的領導者都明白一個事實，「人才」才是讓他們團隊能夠成功的主要前提。

我在香港創建團隊之初，很幸運的得到兩位老友 Mike 跟 Tommy 的鼎力相助，如果沒有他們的幫助，我的團隊很難在香港快速開枝散葉，他們兩位就是我的關鍵左右手。領導者與關鍵左右手的關係，像是彼此有默契的事業夥伴。如果你識人不明，通常會以悲劇收場，如果你慧眼識英雄，事業將會如虎添翼。但是評估一個人是否有能力，足以成爲關鍵左右手，向來不容易，除非你能親眼見到他們的能力表現，所以找尋關鍵左右手，往往像是一場賭注。

因爲我與 Mike 跟 Tommy 相識甚久，也曾在加拿大共事過，對於彼此都很熟悉，我們之所以能成爲共同奮鬥的夥伴關係，首先是建立在彼此互信的基礎與情義相挺的核心價值上，有了這兩樣特質，才能建立共同的價值觀，進一步製造雙贏的結果。再來我們很清楚知道，就算我們的能力再強，如果想要取得成功，必須依賴相互幫助來完成，因爲沒有任何一位領導者，可以在單打獨鬥的狀況下打造成功的團隊，所以我們將成爲生命共同體，坐在同一條船上。最後我們三位都願意爲了共同的願景去改變自己，讓自己變得更好，因爲好的夥伴絕不會從天而降，什麼樣的領導者就會獲得什麼樣的部屬，這是千古不變的吸引力法則，如果要獲得好夥伴，也得自己努力才行。

除了上述這些條件之外，還有什麼必要的條件？關鍵左右手必須是老鷹。我常說業務只有兩種，一種是老鷹，一種是鴨子。什麼是老鷹？很簡單，頂尖業務就是老鷹。什麼是鴨子？鴨子只會一群圍著呱呱叫，卻什麼都幹不了！老鷹絕不會做鴨子，而鴨子永遠成爲不了老鷹。爲什麼呢？因爲老鷹專注在機會，而鴨子只看到障礙！

所以不是每個人都適合成爲關鍵左右手，你必須在一開始就找到老鷹，或從你的團隊裡挑出老鷹。老鷹擁有哪些特徵呢？

首先，老鷹的業績不會太差，但是業績不是評定的唯一標準，還得再加上誠信與相同的價值觀，如果對方不是一個值得信賴的人，或是與你的價值觀迥異，很可能在擁有影響力之後開始扯後腿，反而讓你的領導力更窒礙難行。

當然老鷹總是展現努力工作的態度，並熱愛銷售，並可獨當一面，最重要的還能擔負額外的責任。關鍵左右手的其中一個效能，就是在訓練及管理層面上，發揮正向的力量，他會照顧你平時無法顧及的部屬，影響並矯正你聽不到的負面思維，也就是當你不在辦公室時，他將成爲你的分身，持續推動你的願景，所以老鷹的工作態度，將決定他是否能影響其他成員，幫助你達成這些艱難的任務。

最後一項條件，就是關鍵左右手必須有良好的人際關係。我發現很多老鷹擁有絕佳的銷售能力，但偏偏缺乏與人相處的智商，你絕對不會想要找一位能力很強，但是無法與人相處的人來擔任關鍵左右手，因爲他無法發揮「人和」的輻射效應，會讓你越來越難聽到部屬的眞話，最後自己一個人困在天龍國，禁錮在象牙塔裡。

先幫助關鍵左右手成功。我們都了解到，擁有關鍵左右手將影響團隊的成敗，但是在你想要獲得支持之前，必須先釐清幾個問題：

你是一個大方的人嗎？

你有奉獻的精神與動力嗎？

你願意先幫助他人過更好的生活嗎？

「現在增員很難」、「我都找不到好人才」、「好人才留不久」，這是我最常聽到業務主管的抱怨，但問題不在「好部屬難找」，眞正的問題出在自己本身還沒成爲優秀的領導者，所以無法吸引相同的人。要怎麼收獲，先要怎麼栽！也就是你想要達成什麼樣的目的，就要先付出同等的努力，因爲天底下沒有不勞而獲的事，如果想找到能夠幫助你的關鍵左右手，必須自己先做好榜樣並先幫助他們成功。所以我常說，做業務是一個很容易進入門檻的行業，只要會呼吸、會走路、會講話，基本上就可以做業務。但是業務也是一個很容易被淘汰的行業，很簡單，沒業績很快就被淘汰了！所以在業務單位，對於關鍵左右手最優先的作法，就是幫助他們建立自食其力的能力。我在這裡所說的，並不是要靠你的陪同或幫助，他們才能獲得業績，而是從開發客戶、約訪、見面銷售到結案成交，都能自己完成的能力，就像當初我花了很多時間，將所有方法技巧傳授給Mike跟Tommy一樣，因爲除非他們擁有與我相同的能力，不然很難成爲關鍵左右手，同時又具備影響他人的能力。

然後授權。業務經理的首要目標，就是「發展一個有生產力的團隊」，而第二個目標就是「讓別人做你的工作」，也就是培養能夠取代你的關鍵左右手，並且賦予責任，然後放手讓他們做，最有效的方法就是讓他們參與決策，並各自選擇願意承擔的責任，這樣才會產生強大的動力。但要注意的是，雖然你不是凡事都得親力親爲，但是每一件業務需要懂的事情，鉅細靡遺你都得是專家。

到底該將哪些責任授權出去？首先將你需要做的事情全部寫下來，然後逐一檢視，看看哪些是能夠授權出去的，結果你可能會很訝異，大部分的事情幾乎都能授權出去，當你所授權的事情越多時，除了部屬得到提早學習的機會之外，你的時間也會變多，讓你更有時間去做「只有你能做」的事情，或是做一些個人業績。

最後，授權就像放風箏，你不需要全程理會風箏怎麼飛，你只需要用一條線稍稍控制它的飛行角度與方向，讓風箏不至於墜毀就好。雖然我非常信任關鍵左右手，但我仍會時時跟進授權項目的進度，時時關心是否有遇到阻礙，因爲授權絕不能像斷了線的風箏，漫不在意的任由飄飛。

2. 你是不景氣的終結者

每次坐計程車去講課，如果遇上健談的司機，我都會多口問一句：「現在生意好嗎？」

你猜大多數司機的回答是什麼？你猜對了，幾乎每個司機都說：「從沒遇過這麼差的景氣。」這句話我已經聽了超過十年，就像多數業績無法達標的業務一樣，總是用「景氣太差」作爲業績不好的藉口。身爲領導者，該如何回應「景氣差」的問題？召集業績不好的員工開檢討會？還是緊盯著員工去逼他們達成績效？但是無論如何軟硬兼施的去逼迫部屬，他們心裡「景氣差」的念頭始終不會消失，伴隨而來的是恐懼與焦慮，這些負面的思維會慢慢大過夢想，最後不是擺爛就是離職。

亞洲金融風暴、網路泡沫以及非典型肺炎（臺灣稱SARS）發生的時候，恰巧我都在香港。在這幾次景氣低迷的過程中，常常有業務員跑來辦公室向我抱怨，「現在景氣眞差」、「都約不到客戶」、「談了好幾次客戶都在考慮」，諸如此類業績不好的理由。

我發現，業務員其實是跟著感覺走的動物，因爲業績好時通常不太會有問題，要是有一段時間沒業績時，便「感覺」不對勁，然後開始懷疑市場、懷疑自己、懷疑產品，有些糟糕的部屬，甚至會將這些不好的氛圍擴散，影響到其他業績搖搖欲墜的同仁。此刻你該怎麼做？教訓散播負面思維的部屬？大可不必了，因爲對方總是在你背後作怪，當發生問題時，你往往最後一個才知道。

身爲領導者回應景氣衰退最好的辦法，就是走進市場並成交一張訂單，用行動來告訴業務「這個市場沒有問題」。如果想要單位業績長紅，身爲領導者的你得先業績長紅，因爲你得時時證明「景氣沒有像你說的那樣不好」，與此同時你已站在銷售的第一線。而且當領導者時時站在前線，才能眞正了解部屬遇到的困境，才有能力找出解決之道。

所以每當部屬向我抱怨景氣不好、客戶有問題時，我會先請對方去公布欄拿這個星期的業績報表，數一下我在這個星期或上個星期成交幾件個人訂單，通常得到的答案是「哇！Jackie 你平常這麼忙，是怎麼簽到這麼多個人訂單的？」

偷偷練好自己的功夫。到了香港之後，我運用原本在臺灣打電話約客戶家訪的技巧，在初期得到不錯的成果，但是當約訪量變多時，有一些問題慢慢的浮現，就是有一些客戶雖然對產品有興趣，但卻不願意讓我們上門拜訪，當有越來越多部屬出現同樣的狀況時，我們意識到如果不改變作法，將會失去很多 A 咖的客戶。

終於，我們想到一個堪稱完美的解決方法，就是將原本侷促的辦公室清出一個角落，買了電視、書櫃及桌椅，布置成一個像樣的 showroom。因爲我們的辦公座落在尖沙嘴最熱鬧、最便捷的加拿芬道，我們認爲不喜歡接受家訪的客戶，或許願意上來公司談談。

很快也很幸運的，我約到一位在星期六下午願意前來公司的客戶，但客戶只有三十分鐘的時間。爲了在部屬面前完美演出，我必須將原本一個小時的銷售流程縮短成三十分鐘，也就是從寒暄、切入商品、結案、處理反對問題，到成交一套要價五萬港幣的教材，必須在三十分鐘內完成。爲了這個重大的改變，我每天回到家之後獨自一人偷偷的練習，我不希望部屬看到其實我也很擔心，所以我必須將縮短後的銷售流程練到爐火純青。

終於，在星期六的下午，公司的門鈴響了，客戶準時赴約，當時在場的十幾位部屬，躲在隔壁房間偷聽整個銷售過程，我也很爭氣的在三十分鐘內完美的成交客戶，當客戶離開辦公室時，所有人一擁而上圍著我驚呼：「Jackie 你是怎麼辦到的？」我一派輕鬆，裝作若無其事的說：「這很簡單啊，你們就乖乖聽話，照著我的方式做就對了！」

身爲領導者，要有能力締造出色的業績，成爲部屬眼裡的專家，你的一言一行才具有權威及影響力。所以你必須隨時作好準備並持續練習，不斷反覆千錘百鍊，直到筋疲力竭爲止。

有功夫才能陪同。有一次跟朋友聊天，他的保險業務員又要來家訪了！因爲來了許多次仍無法成交，所以這次帶主管過來。

「他主管過來，你會給面子買嗎？」我好奇的問。

朋友停頓了一下說：「看看他主管的功力如何，我沒有很急切的需求，看他主管如何說服我！」

過了幾天，我好奇的詢問結果如何？「對方的主管表現這麼爛，我怎麼買得下手？」朋友笑笑的回答。

陪同業務員拜訪客戶有兩個目的，一是複製成功的經驗給新人，另外則是幫助最近業績「撞牆」的業務成交，但陪同拜訪是有條件的，條件就是這位業務平時就很努力、積極向上。所以我認為「陪同拜訪」是對部屬的獎勵，因為你的陪同能幫助他們成交，如果身為領導者無法保證這樣的結果，「陪同」只會讓你折損威信，同時大家白累一場而已。

有哪些細節是陪同需要注意的？首先必須先了解拜訪的對象，出發前與業務討論在電訪時與客戶的對話內容，為什麼客戶會答應家訪。再來作好角色定位，業務員是主角，而你是配角，你只有在必要時刻會出手協助，完成關鍵的臨門一腳。最後在整個拜訪結束後，要讓業務提出心得與反饋，學到什麼以及以後自己該如何面對。

領導者必須自己偷偷的把功夫練好，建立部屬對你的信心，然後在他們面前輕易的完成艱難的任務，在部屬眼中，你總是無所不能且充滿魅力。

回歸基本功。很多業務在不景氣時業績就大幅下滑，因爲這些業務在工作了幾年之後，認爲自己什麼都會了，認爲銷售技巧與基礎功夫，只適合新人學習，自己已是「老手」，經驗老到所以不用再學習了。拜託！「老手」跟「高手」根本天壤之別！

看足球賽是我最享受的時候，尤其在緊要關頭，看著身價不菲的球員「完美鏟球、三人妙傳、盤球過人、香蕉球破網……」，心中除了喝采之外，都會再次提醒自己，這些身價千萬歐元的球星，每每在國際賽事能夠展現如此細膩的盤帶球動作，是因爲他們已經懂了？還是因爲持續不斷的練習基本功呢？

所以景氣好時，雞犬都升天，業務只要努力拜訪客戶，業績不會太差。但當景氣不好時，能力差的在第一輪就會被淘汰，而決定業務的能力高低，就看他的基本功扎不扎實。

我在辦公室最常做的一件事，就是每天找不同的業務到辦公室，除了解答他們最近遇到的困難之外，也會針對「電話約訪、銷售流程、反對問題處理」等需要具備的基本功，請業務把我當成客戶作練習，我再藉由這樣的演練，進一步強化業務的基本功。

銷售這個行業之所以迷人，因爲這是可以同時擁有「財富」與「自由」的工作，但在財富與自由的背後，是由無數基本功所架構出來的，如果希望部屬能夠挺過每一次不景氣，就從扎實的基本功著手吧！

3.做個說故事的人

雖然我們是新公司，雖然沒有底薪，但很幸運的，我在香港的第二個月，就招募到十幾位願意一起打拚的夥伴。這十幾位夥伴相當不容易，因爲每天一睁開眼，他們的荷包就一直處在「失血」狀態，這樣的狀態會一直持續到成交一張訂單爲止，成交後的隔天，一樣的循環又再度上演。所以領導者的責任就是幫助部屬縮短失血到成交的循環，並從旁協助與支持部屬能夠挺過成交前的每一天。要幫助部屬撐過每一個沒有成交的日子，身爲領導者必須帶領大家對未來產生期望與夢想，由已知走向未知，而驅動部屬願意產生改變的念頭，最好的方式就是透過「說故事」。

在領了第一筆傭金的隔天，我找 Tommy 帶我去彌敦道買了條金項鍊。一個月後 Mike 又介紹我去銅鑼灣買了我人生第一只勞力士錶，在第二天的早會上，眼尖的部屬立刻發現我手腕上的新錶，接著起哄說：「Jackie 你發達啦！」

這時我鬆開領帶，打開襯衫第一顆鈕扣，將食指伸進去撈出我掛在脖子上的金項鍊，向眾人展示並笑著說：「我在香港領的第一筆傭金，除了買手上的錶，重點是這條項鍊。」

「但是我並不是要向你們炫耀這些奢侈品，我之所以會買值錢的東西放在身上，是因為我窮過。」

這時眾人收起七嘴八舌的聲音，好奇的看著我！

「你們想聽看看我在一年多前，我獨自從溫哥華離家出走回到臺灣後，第一個面對什麼難題嗎？」

當大家聽到我要講故事後，兩眼瞪大，身體向前傾，聚精會神的等我分享這段經歷。

「因為我兩手空空離家，獨自一人回臺灣，就借住在臺中朋友家。雖然有地方住，但身上沒生活費。於是，我將身上唯一值錢的一條金項鍊，拿到向上路的某間當鋪，典當了一萬多元臺幣，而這一萬多的臺幣，就是我奮鬥的起點。」

我接著說：「為了能夠時時警惕自己更加努力，我才會在領了第一筆傭金時，去買了一條款式一模一樣的金項鍊，而且讓我感覺贖回當時去當鋪典當的罪惡感。來香港後，每當遇到困難時，我都會看著這條項鍊，一次又一次的提醒自己，沒有什麼難關是撐不過去的。」

部屬驚呼：「哇！原來是這樣。」

「不過！」

眾人又被我的「不過」吸引而鴉雀無聲。

「不過我很幸運，找到你們這一群願意學習、願意付出、又願意打拚的夥伴，作我堅強的後盾，所以你們的加入，讓我覺得沒有什麼困難是可以阻擋我的。」

「如果你們想要進步更快速，我們可以在每天晚上見完客戶後，回到辦公室集合，我負責回答你們剛剛見客戶時，無法處理的任何問題。只要你們願意學習，我就願意奉陪到底。」

這時坐在下面的十幾位部屬同時鼓掌叫好，我們一致認同這樣的決定，最後這個習慣，慢慢演變成團隊的文化。如果你懂的說故事，你就擁有能夠打動人心的魔法，因此，希望激勵部屬的動力時，懂得運用故事的領導者，才能發揮更強大鼓動的力量。

領導等於銷售。世界級的管理大師湯姆．彼得斯（Tom Peters）曾說：「領導等於銷售。任何成功，都是銷售的成功。」所以與部屬進行有效的溝通就像銷售一樣，有三個最基本的原則，首先是領導者能夠充分表達想表達的意思，再來就是讓對方容易了解你所表達的眞義，最後影響對方採取你所想要的行動。

所以領導者必須扮演好公司與部屬之間橋樑的角色，你的職責就是將公司想要推動的政策，成功的推銷給部屬，千萬別用「沒辦法！這是公司的決定」、「這就是上面的交代」等便宜行事的方式與部屬溝通，通常你兩手一攤的結果，反而會造成更大的誤會與部屬士氣低落，最後導致績效變差。

我喜歡用先說故事、再講道理的方式，來詮釋公司即將實施的新政策，爲了讓部屬更容易接受，我會在新政策公布之前就著手準備。準備的內容會「以部屬的角度爲出發點」，想一想員工喜歡聽什麼？該怎麼說會讓他們欣然接受？如何鼓舞士氣？如何收尾？最後讓他們開開心心的離開會議室。此類說故事的宣導也適用於每天的早會，如果能在開會前一晚作足準備，運用說故事來宣導事務，就能吸引部屬的專注與目光，並賦予所要宣導的事務生命力，不然在會議上，只有你獨自一人講得口抹橫飛，得到的回饋卻是呆滯的眼神、冷淡的表情與一片死寂。

說故事的基本要素。首先要愼選故事題材，不可文不對題，才能清楚傳達想要表達的想法。可以針對部屬在意的事情來尋找相關的故事，如果能帶入自己的親身經歷，故事會更有感染力。再來你要有自己的觀點、自己的想法，在敘述故事時，自然的融入自己的感情，否則只是在「唸」別人或自己發生過的事情而已，最好在故事結尾加入個人的領悟，這樣的故事才具備穿透力。最後，故事要簡短有力，千萬不能把說故事當作報告，盡量在三分鐘內結束，如果在故事中能再加入事實論點，將更具有說服力。

當然，要透過故事完美傳達訊息，身爲領導者也必然是好的「公開演說者」，如果你像我一樣，是從基層銷售做到業務經理，應該都有演說的能力，但公開演說的能力又不一樣。要說一個好故事不難，但要在眾人面前，利用故事有效傳達訊息、布達事務，更要說服部屬採取行動，就不單只是說好故事而已。你得透過學習與練習，還需有經驗的老師帶領，才能了解箇中訣竅，所以當你晉陞爲業務經理時，就得作好準備，成爲一位好的公開演說者。

你的口袋故事。你必須發展口袋故事，以因應各種不同的狀況與場合，例如：創造願景的故事、溝通協調的故事、鼓舞與激勵人心的故事、失敗乃兵家常事的故事等等。每個故事中，要有鮮明的角色，要有情節的轉折變化，要能描述細節並表達情感，最重要的是要有「人味」。

我在帶領業務團隊時，最常使用「失敗乃兵家常事」的故事。因爲業務每天面對最多的就是「失敗」，我總希望能透過故事激勵部屬，告訴部屬「現階段失敗了又如何」？

所以我常與部屬分享我曾經犯過的錯誤與失敗經驗，在講故事時，我也坦然的將自己的缺點放在故事裡，告訴部屬我不是「聖人」，讓他們知道我雖然犯過許多錯誤，但卻沒有被打倒，並且一步一步的走到今天。我想讓部屬知道，你現在所經歷的挫折，我也曾經歷過，但是千萬別灰心，只要持續學習，堅持正確的方法與態度，就一定能成功。

但要切記，不要在部屬面前一直重複講著同樣的故事。你可以從生活經歷、與客戶互動的領悟、聽過的演講、看過的電影、別人的故事、閱讀過的書籍雜誌等，去擷取故事，然後經過吸收與內化，善用比喻、格言、軼事趣聞等方法闡述。這樣，讓部屬更容易了解你想要傳達的理念，進而達到說故事的目的。

員工不行的問題在你

在某次授課中，有兩位來自同單位的學員私底下問我：「老師，我們兩個眞的很想在銷售這個行業成功，而且也很努力，但是最近常常覺得有倦怠感，工作使不上力，而且都不想進辦公室，該怎麼辦？」

「爲什麼不想進辦公室？」我直覺的先反問這個問題。

他們兩位互望了一眼，面有難色的說：「老師，你也認識我們經理，但請你不要跟我們經理說。我們之所以不想進辦公室，是因爲氣氛很差，同事之間勾心鬥角，人事問題一大堆！」

「你們有沒有跟經理反映過這件事？」

他們無奈的對著我說：「老師，我們該怎麼反映？因爲經理就是那個製造紛爭的源頭！」

所以當團隊的績效低落、抱怨增加、部屬看到你會閃躲、不太願意溝通、不太願意進辦公室……，都是存在重大問題的警訊。我記得馬雲說過一句話：「員工執行力不行，要嘛是制度無能，要嘛是主管無能。」很多領導者總是將「業績不好、績效差」歸咎於部屬缺乏幹勁、不努力學習、沒有熱情與毅力。但將錯誤歸咎於部屬之前，領導者須先檢視自己的性格與領導風格是否存在問題，如果你總是做一些自毀前程的事情，總是搬石頭砸自己的腳，在實現團隊願景這條路上，你將成爲最主要的障礙，因爲你無法得到部屬的尊重，難以建立合作關係。所以在怪罪部屬之前，領導者得先確定自己不是問題的源頭。

1. 先確定你不是問題的製造者

「Jackie 你知道嗎？因爲誠信有問題而被你炒魷魚的 A 君，現在被上司請回總公司工作。」總公司的好友打電話給我，很緊張的接著說：「而且新成立一個緊急處理部門！」

「什麼是緊急處理部門？」我好奇的問。

「就是只要懷疑有人做一些不合公司規定的事情，不需要署名，只要發一張傳眞舉發，公司就會徹查被舉發的同仁！而且只要 A 君一收到檢舉傳眞，就會歡呼著：今次仲唔俾你死！」（粵語：這次還不讓你死！）

業務員本應遵守公司規定並堅守商業道德，其中涉及「欺騙」與「損害客戶利益」的問題尤其嚴重，如今找來誠信有問題且被炒魷魚的員工，回鍋擔任這個新職位，就顯示這位主管的心態也有問題。在往後的兩年裡，因爲這個新部門的成立，製造了許多人事上的風風雨雨，將整個香港公司搞得天翻地覆，直到這些人事紛爭傳回美國總公司，而這位上司在我面前被美國派來的董事，在電梯裡直接開除了！

成爲領導者之後，有一件事絕不可忘記，就是公司賦予你成爲「領導者」職位的意義。當領導者獲得權力的同時，更重要是伴隨而來的責任，因爲權力就是責任，組織不是施展權力的舞臺，而是擔負責任的重心。領導者應該整合團隊的目標，讓有時偏離軌道的混亂回歸井然有序，若自己的心態、性格、脾氣或不善溝通等因素，不斷在團隊內部製造恐懼與紛爭，將會引發更多人事上的混亂與不確定性，導致業務員也不會有好心情見客戶。拜託！業務員每天已經夠忙了，根本不需要主管再製造挫折來磨練他們，他們每天面對客戶的挫折已經超乎你的想像了。

人品比能力還重要。俗話說的好：「做人可以一生無仕，做官不可一日無德。」建立良好的人品操守，是成爲領導者最基本的條件，眞正的領導力不是來自於權力，而是來自於令人欽佩的人品。

「人品」指的是領導者的品性道德，其人格修養的組成包括正直、謙虛、厚道、公平、誠信、寬容、善良、守信等特質，整體的核心價值是「修己待人之道」，而這些就是決定一位領導者，是否眞正具有領導力的關鍵因素。

當然，沒有人天生就能做到完美，我也是透過「失敗、反省、學習、改變」的過程，一路跌跌撞撞的走過來，縱使我已開班授課十幾年，提筆寫第二本書，還是得慚愧的承認自己離「完美」還相去甚遠，因爲我深知自己還有很多的成長空間。

所以在授課中，每當有學員問我：「在領導團隊時，最大的挑戰是什麼？」「領導自己！」我認眞思考後的回答就是：「領導自己是我時時刻刻面臨最大的挑戰。」

權力地位可以成就一個人，也可以摧毀一個人，當領導者誤以爲領導是建立在權威與命令之上時，將爲自己及團隊帶來災難。所以，當領導者擁有良好的人品，才能在部屬心中產生影響力，因爲「名聲」就是領導者的重要資產，如果領導者的人品操守有問題，縱使能力再強，也無法成就任何大事。

剷除惡習、建立名聲。無論如何努力，都不可能成爲十全十美的領導者，話雖如此，也不能以「沒辦法，我就是這樣」作爲藉口。優秀的領導者也會犯錯，但他們懂得透過學習去修正自己的缺陷，讓自己避免做出破壞承諾、搗毀名聲及痛失人心的事情，讓自己不僅能應付眼前，更能贏得未來。

在此列出幾個容易讓領導者喪失威信、失去人心的惡習，其中有些是我也曾犯過的錯誤，看看這當中有哪些是可以盡力避免的，哪些是可以減少發生的機率，哪些是可以從中修正改進的。

(1)朝令夕改

我得承認，在剛開始領導團隊時，這是我常犯的錯誤。由於我求好心切，每天都有滿滿的創意與想法，雖然我的用意與出發點都是好的，但多數的部屬無法跟上「朝令夕改」的腳步，因爲他們不確定今天的新作法，在明天會不會變成歷史。因此多數的部屬都敢怒不敢言，最後導致新政策無法貫徹落實。在吃了幾次苦頭後，我才學會在新辦法實施前，先向第一線的部屬徵求意見，與我的關鍵左右手討論，當取得多數的共識，再透過說故事方式引導部屬執行。

(2) 自以為什麼都知道

原本我也以爲，在銷售領域我應該稱得上是專家。我從基礎業務員做起，因爲個人業績輝煌而一路爬升到業務經理，在「銷售」這個領域應該什麼都知道了。但在香港帶領團隊一段時間之後，因爲環境的改變、局勢的改變，而後發展出更多、更有效率的銷售方式，這一套在香港所用的行銷方法，只有三十％是原本我已經懂的，另外七十％都是我自認爲是專家之後才學的。

危機，總躲在領導者自以爲是的背後，所以「不學習、沒進步、只用同一套方法」，自以爲什麼都知道的領導者，只會被貼上缺乏自信與自大的標籤，成爲團隊裡最大的絆腳石。所以領導者更應該敞開心胸去學習，並持續嘗試新事物。

(3) 未公平對待部屬

我們都得承認，會跟某些人特別投緣，或是特別喜歡某些部屬，這是人性。如果在帶領團隊上，因爲自己的喜好而對部屬有差別待遇，很快就會引起團隊內的非議，創造「小圈子」，形成排擠文化並製造爭端與敵意，同時打擊團隊的士氣。

運用清晰明確的規則與系統化的管理，使部屬都清楚遊戲規則，建立共同的目標與共識。在公開表揚部屬時，捨棄自我的喜好，應表揚大家都看得到的「努力」，而不單是讚美部屬的能力。建立一貫的「標準」，讓每一位部屬清楚知道什麼是該做的，什麼是不該做的。

(4)無止盡的會議

業務員的辦公室在客戶家，不是在會議室，如果開會檢討對業績眞的有幫助，就不會有這麼多業務員沒有業績了。如果眞的要開會，切記先訂好結束時間，訂出討論內容，開會頻率不要太密集。並且總是用「表揚」來作會議的開端，千萬不可在會議上口出惡言、教訓部屬，如此只會適得其反。領導者應多用「走動管理」的方式來代替會議，主動與部屬對話、噓寒問暖，才能及時發現問題、解決問題，同時又讓部屬感受到眞誠的關心。

(5)背後數落他人

「我覺得某人做了一些壞事」、「我覺得某人總是針對我」……。身爲領導者一定會遇到部屬抱怨某人的不是、講他人的壞話，這時千萬不可基於同理心，或你原本也討厭某人，就跟著部屬一起批評數落。因為「壞事總會傳千里」，如果領導者缺乏自制力，喜歡背後批評、攻擊他人，這把傷人的迴力鏢，最終會飛回來擊中自己。

每當有A君私底下向我抱怨B君時，我會告訴A君：「你現在去找B君一起過來，我們一起坐下來，解決你們當中的問題。」立即停止在背後談論是非，雖然談話的當下是祕密，但請相信我，批評的聲音總是傳得無遠弗屆。

(6)控制欲太強

控制欲太強的領導者，就像一名獨裁者，不管部屬的經驗與成熟度如何，都要完全按照他的意思。控制型的領導者不懂授權，常將「閉嘴，聽我說」掛在嘴邊，不容許部屬犯錯，凡情都得經過他首肯，甚至會過度介入。所以在團隊裡，無法培養出獨立思考、獨立運作的人才，最後，這樣的領導者只會疲於奔命，做到精疲力竭而已。

領導的驅動力不是源於權威與命令，而是來自尊敬與信任，放下控制欲，將可授權的事項授權出去，別擔心部屬犯錯，應寬容的給予部屬從錯誤中學習的機會。因為領導者並不需要唯命是從的跟班，而是需要獨當一面的人才，當部屬的能力超越自己時，即是事業再創高峰、更上層樓之時。

(7)擁有豪華辦公室

很多領導者喜歡將辦公室布置得像「家」一樣，到辦公室後換上拖鞋，有整組的泡茶工具，還有咖啡機。我認爲沒有任何業務經理是靠坐在辦公室而陞遷的，回想當時，我從業務員晉陞到業務經理，靠的是銷售及經營團隊的能力，我每天花很多時間在見客戶、訓練、陪同。如果你不是靠坐在辦公室就陞遷的，就別在陞遷後只會「神隱」坐在辦公室裡。

別讓部屬找到摧毀你的理由。除了上述會讓領導者產生負評的七種狀況之外，還有「記仇」、「愛抱怨」、「氣度狹小」、「爭功諉過」、「喜歡被拍馬屁」、「與下屬婚外情」、「充滿官僚的思維」、「只顧及直屬部屬」、「總是把施與的恩惠掛嘴邊」等，諸如此類不得民心、敗壞名聲的作爲。

曾經有位學員跟我分享：「我有一位朋友很想進來我們公司作業務，但因爲我的老闆太爛了！所以我直接介紹他去別的單位上班。」多數時候，領導者的負評所帶來的影響是無孔不入的，甚至連「察覺」的機會都沒有，所以領導者應該盡其所能的學習與自省，讓自己朝著誠信、透明與公平的目標邁進，千萬別讓部屬找到一個摧毀你的理由。

2. 找到一位導師

「修己待人之道」是決定領導者是否具備影響力的關鍵因素，期望檢視、改進自己的缺點，除了自省之外，最快的捷徑是找到一位有成功經驗的「導師」，擁有成功經驗的導師等同於生命中的「貴人」。所以，每一位優秀的領導者都有一個共通的特質，就是懂得主動積極找到自己的人生導師。

前奇異（GE）執行長傑克・威爾許（Jack Welch）是二十世紀最偉大的CEO之一，他將「找出能指點你的導師」列為職業生涯第三件最重要的事情。這位有「中子彈傑克」之稱的CEO曾表示，自己的良師團多達數十位，有的甚至年紀比他小，但每一位導師都能教給他重要的能力，幫助他度過重重難關。

就在公司甄選前往香港開拓市場人選期間，當時我的直屬上司得知我有機會屏雀中選，而從此離開他的團隊。我的離開代表他將失去一隻老鷹，於是他三番兩次的約我吃飯、打球與私下會談，談話之中均會不斷的提醒我，放棄現有的基礎非常可惜，而且香港人英文好，我人生地不熟，又是隻身奮戰，銷售一套要價五萬港幣的幼兒美語教材談何容易。當年二十三歲的我，並不比任何人高明或有遠見，選擇隻身到香港奮鬥，只是覺得有機會就該全力以赴，但經過上司屢次「規勸」，確實讓我心生動搖，就在左右爲難之際，我找了幾位在工作上沒有利益關係的朋友、同事諮詢意見，其中一位年長我二十多歲的同事建議我：「Jackie，無論你去香港成功與否，最起碼飄洋過海的經驗無可取代，怎麼樣你都賺到。」因爲這些「貴人」的建議，讓我更加心無旁騖，放膽前去香港闖蕩，並且從此改變我的人生。

先承認自己不是萬能的。業務經理爲什麼會成功？有一個原因，能夠帶領團隊邁向成功的領導者，就是「知道該做什麼，並且去做了」。一位成功的業務經理每天有五件該做的事，包括「銷售、招募、激勵、管理與訓練」，這五件事缺一不可。

而業務經理爲什麼會失敗？造成失敗的第一個原因是「知道該做什麼，但能力不足」。每天該做的「銷售、招募、激勵、管理與訓練」這五件事，知道是一回事，是否有能力做好又是另一回事，但我從不覺得能力不足是問題，因爲可以透過學習加強能力，能力不足卻又不願學習，才是眞正的問題所在。雖然我在香港擔任資深業務經理期間，公司每年三次的旅遊競賽，我總是拿到資深業務經理組別的第一名，但我知道就算每次都拿第一，並不代表我什麼都懂，並不代表我每件事都有能力，並不代表我就是萬能的，所以我總是願意打開心胸學習，願意接納意見並改變，願意尋求外援協助，因爲這個態度，讓我身邊總是充滿了貴人，才能連續多年拿第一。

造成失敗的第二個原因是「不知道該做什麼，也無能力」。我不知道這樣是怎麼升上主管的，但這樣的主管確實存在，無知並不可怕，可怕的是「不知道自己無知」，這種業務主管只會將「這個月要做多少」、「爲什麼沒業績」、「爲什麼約不到客戶」這幾句話掛在嘴邊，卻不知道該怎麼做，也不懂得如何幫助部屬，但又不承認自己無知，更遑論學習與進步，只能用「逼業務做業績」的方法，有如臨渴掘井，對部屬遇到的問題卻始終愛莫能助。

找到一位導師，就可以避免陷入「知道該做什麼，但能力不足」以及「不知道該做什麼，也無能力」的窘境，但是找一位導師需要勇氣，就像承認自己不是萬能一樣，都需要勇氣。如果想成爲優秀的領導者，想持續帶領團隊屢創佳績，就必須提起勇氣去做一些原本不會做的事，「找到一位導師」就是你原本不想、也不會做的事。別擔心學習與請教他人是懦弱的表現，樂於學習反而能成爲部屬的榜樣，進而贏得尊敬。

積極的尋找。擁有「成功經驗」是導師最基本的條件，優秀的導師總是身體力行，你可以從身邊的朋友、主管、長者去尋找，或者參加外訓課程找導師，優秀的導師絕不會不請自來，如果你渴望成功，就必須行動積極。

我在二〇一二到二〇一五年回到溫哥華學習進修，我的同窗同學 Dennis 知道我擁有豐富的成功經驗後，一直鼓勵我出書，但要寫一本書談何容易？而且我不想找寫手，也不想自費出版。後來甚至爲了學習如何寫書，我在二〇一三年底，特地飛回臺灣上課，但是助益有限。當我二〇一五年學成歸國後，對於寫書仍一愁莫展、毫無進度，但我仍然不死心的積極尋找各種可能的幫助，幾乎問遍了身邊所有朋友。歷經波折，突然我的貴人出現了，經由朋友的介紹，我認識了阿財（吳焰財），他曾經在出版社擔任十幾年的編輯，成功編輯、出版過上百本書。因爲我的積極與決心，阿財成了我在寫書上的導師，他毫不吝嗇的與我分享方法，並在我遇到瓶頸時主動伸出援手，在我完成書稿後還幫我潤稿，更幫我接洽出版社投稿出版，幫助我從無到有，順利出版第一本著作《成交在見客戶之前》。

毋庸置疑的，在我過去二十五年的職業生涯裡，屢屢能夠突破困境，有一部分是憑藉我的性格優勢，但絕大部分是因爲我願意尋求「導師」的幫助，從他們身上學習成功的經驗，每每讓我安然度過困境，不至於一敗塗地。印象派大師畢卡索（Pablo Picasso）

曾說過：「好的藝術家懂得複製，偉大的藝術家則擅長『偷取』。」賈伯斯曾經引用說：「創新是有訣竅的，你可以從特定的對象去『偷取』或是『借』。」如果你希望成爲部屬眼中「有能力的問題解決者」，則持續的創新是必要的。找到成功的榜樣或導師，就是決定你在職場上，是否能持續創新與創造高峰的因素。

別劃地自限。即使你現在的職位只是業務員，但別等到有機會晉陞時，才開始尋找導師、學習如何領導團隊，因爲機會是給準備好的人。有些領導者覺得現在團隊業績好，有必要去找導師嗎？有必要去學習嗎？俗話說「擇善固執」的個性，已不太適合現代的商業模式了！因爲市場情況不斷的在改變，當特定方法使用過度時，業務員亦會感到疲乏，這就是團隊漸漸失去熱情的原因之一。領導者須時時尋求更好的創意，幫助團隊績效持續提升，而且在業績好時尋求改變，是在避免日後危機的發生。

當我還是基層業務員時，就已經開始訓練自己去幫助同事，例如：運用我正面的態度去影響信心受創的同事，運用我銷售與開發客戶的技巧去幫助業績撞牆的同事，所以當我到香港之後，創造新團隊所需要的教育訓練能力，對我來說一切都駕輕就熟。隨著團隊人數的增加，我也持續在領導與管理的技巧上下功夫，並運用在實務工作上，也很幸運的獲得香港部屬的支持，讓我們得以從零開始，共同創造一個年營業額超過二億港幣的團隊。在迪士尼美語服務了十年後，我回到臺灣開始從事教育訓練工作，專門傳授銷售、增員與管理等技巧超過十五年，也很幸運的得到許多學員的支持。在我踏入職場二十五年之後，應眾多學員的要求，開始了「導師」的工作，幫助學員了解自己的潛力，追求從心靈、家庭及事業都能成功的「眞成功」，並用客觀的角度分析問題，同時給予人生與工作上的建議，讓學員少走冤枉路，在停頓不前時能獲得方法，在失去信心時能獲得鼓勵，並在犯錯時能聽到直言，還有在得意時能得到提醒，免得因得意而忘形。

身爲領導者必須學習成爲優秀的導師，才能贏得部屬的跟隨，在成爲部屬的導師之前，得先用盡全力找到自己的導師，歡迎你加入我們的行列，當你力求成長、善用導師的成功經驗、減少個人的盲點時，團隊就會跟著成長茁壯。

3. 努力贏得追隨者

從事業務銷售工作的人是特別的，尤其是無底薪的業務，因爲業務的想法與多數領固定薪的上班族不同。首先，業務必須接受比一般工作還長的工時，爭取在客戶非上班時間才能登門銷售。再來，業務比一般上班族更有競爭力，因爲勇於冒險才會選擇一個有機會創造高薪或面臨零收入的工作，受到夢想的驅使，即使每天面對不確定性，依然能夠昂首邁步向前。最後，業務更樂於在工作之餘，自己掏錢學習新知，因爲學習是爲了走更長遠的路，並爲下一次的成交作準備。業務與上班族是如此的不同，所以領導業務與管理固定薪的上班族，所用的方法也是截然不同的。

而且相較之下，業務主管對銷售團隊擁有較少的控制力，業務可能在表面上展現尊敬與順從，讓領導者誤以爲他們好像支持你，但實際上，他們用「腳」來投票，他們用準時進辦公室、努力約訪客戶、積極參與團隊活動等表現，來對你投下信任的一票。相反的，他們用消失、沒有約訪客戶、逃避團隊活動等表現，來對你投下不信任的一票。

所以，如何帶領業務團隊，使向心力增加、流失率減少，就是身爲業務主管的挑戰。當業務離職時，藉口可能是「認爲自己做不到、不適合」，他們把無法達成目標的責任攬在自己身上，這是他們心存厚道，不想傷害你的自尊。但業務沒說出口的眞相是「不相信你」，因爲不相信你能帶領他們突破困境、達成夢想而離職。

領導者不能是冒牌貨。溫哥華的海關是出了名的嚴格，對於公民搭機回加拿大時，多會嚴格的檢查，我也曾經歷過溫哥華海關，在機場入境時被帶往小房間搜身，除了檢查是否有違禁品之外，還要看身上是否攜帶應報稅而未申報的物品試圖闖關，因爲「逃稅」在加拿大是件嚴重的事情。當時在溫哥華的華人圈就流傳著一個故事，故事的主角是一位香港人，當他搭機回到溫哥華時，手上戴著一只全金的勞力士手錶，但是海關人員發現，這位加拿大公民並未將這只勞力士列在報稅單上，於是要求補稅。他心想這只錶已經戴很久了，不是新錶，也不打算出售，爲什麼要繳稅？於是脫口而出：「這只錶是假的。」海關人員聽到這只錶是「假的」時，與他再三確認後，立即從櫃子裡拿出榔頭，當著這位香港人面前，將這只全金的勞力士，敲爛！

領導者唯一的定義是「擁有追隨者的人」，想要贏得部屬的追隨，就必須是個貨眞價實的「眞品」。因爲業務是如此特別的人，他們挑選領導者的眼光，就像加拿大海關一樣嚴格，只要是假貨一律會被他們「敲爛」！

從人品、性格及能力同時著手。如果領導者想塑造優秀的領袖特質，讓自己成爲部屬眼中的「眞品」，就必須從人品、性格及能力三方向同時著手，唯有當領導者具備良好的人品時，性格才會被部屬認同並產生信任，同時能力才會在組織裡發揮點石成金的效用。除了本書之前談到的方法之外，還有幾個建立領袖特質的重點。

(1)表裡一致的可信度

領導者必須誠信、透明與公平，總是言出必行、信守承諾，不會說一套做一套。可信度是領導者產生影響力的基礎，部屬之所以願意追隨，是因爲相信你。一旦部屬對你失去信任，無論你說什麼或做什麼，都不具有任何力量。

(2)自我管理

優秀的領導者總是嚴以律己、寬以待人，如果連自己都管不住，業務絕不會眞心信服。在之前提到的內省智能是其他智能的基礎，所有偉大的領導者均具備這樣的特質，他們都非常清楚，只要先要求自己、提升自己，自然會吸引追隨者。

(3)穿出領導者的樣貌

雖然成爲領導者靠的是眞本事而不單是外表，但合宜得體的穿著，能讓你更輕易領導團隊、增加權威感。合宜得體的穿著，代表著你如何看待自己、如何看待這份工作以及如何看待團隊。你的穿著亦是部屬的榜樣，如果希望業務在客戶面前總是精神奕奕、光鮮亮麗，就從自己開始作一個好榜樣。

(4)展現自信與勇氣

自信與勇氣是一種美德，讓其他美德得以實現。業務會觀察領導者是否具備自信與勇氣，再決定是否跟隨，業務所需要的，是在景氣不好時，依然一馬當先帶領他們披荊斬棘、突破重圍的先鋒將領。領導者的自信與勇氣，無疑是部屬突破銷售困難及瓶頸的力量。

(5)承擔責任

領導者的存在就是要幫助部屬解決問題，讓追隨者的未來變得更美好，如果所作所為無法讓他人受惠，也就沒有存在的意義了。所以你必須支持並照顧部屬，不能推諉或逃避責任，而當部屬犯錯時，更須一肩扛起，你得用行為去贏得信任。

(6)偉大的目標與行動

如果領導者的眼光淺短，只將目標訂在公司要求的「最低標」，這樣的目標既不刺激，也缺乏達標後的成就感，而且多數人不願意為微不足道的目標賣命。人們喜歡參與

「不可能的任務」，帶領部屬建立偉大的目標，並確實朝目標行動，唯有領導者先採取行動，部屬才會跟隨。

(7)善於溝通

優秀領導者的重要特質之一，就是保持開放的態度與部屬溝通。領導是一個過程，而不是結果，透過溝通不但可以傳達願景與目標，也能了解部屬是否遇到障礙，才能進一步給予正確的指導與協助。特別注意的是眞正的溝通應該「聽多於說」，必須是雙向互動才能達到最佳效果，而不是從頭到尾只有你在說。

(8)有決斷力

領導者每天必須作出各種難度與急迫性不盡相同的決定，在作決定時切忌表現出「毫無主見」、「不知如何是好」而慌張的樣子，即使作出錯誤的決定，總比不作決定好。當你做事猶豫不決就代表缺乏自信，這會讓追隨者感到害怕，並讓部屬不相信你的領導能力。

(9)別害怕改變

我常問學員：「什麼是突破？」我認爲「不斷的淘汰自己就是突破」。不改變代表停止進步，身爲領導者必須不斷的跳脫舒適圈，才能帶領部屬創造更高的績效，因爲舊的思維與方法如果不改變，能力不會有所提升，如何能突破現況、再創高峰？所以持續的改變，就是不斷進步的原動力。

(10)不批評與責備

「不批評、不責備」是領導者的原則，優秀的領導者都懂一個道理，就是用批評與責備的方式，部屬能得到激勵的效果是「零」。批評與責備只會造成衝突，此種領導風格很難獲得部屬由衷的合作，如果要帶人帶心，就先從停止批評與責備開始。

努力贏得追隨者。沒有人敢說成爲優秀的領導者，是輕而易舉的事，公司可以給你業務經理的職位，但無法給你來自於部屬的尊敬。想贏得部屬的尊敬，得經由自己平日點點滴滴的作爲來累積。具備「改變自我、犧牲自我利益、成就他人的特質」，才有機會贏得尊敬、贏得追隨者，也才有機會成就部屬、成就團隊，最後成就自己。

Mike Wong 香港迪士尼美語區域業務經理

"Jackie"是我生命中，一個對我影響深遠且重要的名字，很榮幸可以在書裡分享我們的故事，像一部鼓舞人心的勵志電影。

一九九八年夏天，我再次聽到熟悉的聲音，是 Jackie 不標準的廣東話，我的銷售旅程就由此刻開始。記得當時 Jackie 帶我到尖沙咀的辦公室，做了一次簡單的產品解說，就問我有沒有興趣加入，我說我沒有經驗，但他非常有信心的告訴我：相信他就可以了，他會教授和訓練我銷售的方法。回想就是他這份自信，令我產生了一股勇氣和肯定。

我剛上班幾天就參加了香港一年一度的書展，一連七至八天的工作，每日十小時不停的講解產品，一直堅持到最後一天，差不多要收拾展覽物品的時候，竟然戲劇性的簽下人生第一張訂單。我當時非常之興奮，但還不足二十四小時，客戶致電取消了訂單，這瞬間讓我跌落萬丈深淵，我清楚記得當時 Jackie 鼓勵我的話：銷售是馬拉松不是短跑，要成功就必須相信自己，堅持不放棄。我至今仍記得這番話，引導我度過許多挫折和低潮，他不但是我的銷售教練，也是我的人生導師。

還有一事令我印象深刻，當時 Jackie 在香港生活在不足五平方米的屋子裡，每天都在研究如何改善銷售和訓練團隊，這份堅毅和投入我是衷心敬佩的，而我非常有幸和Jackie一起打拚，日子雖然艱辛，夾雜著眼淚與汗水，但回看一切都值得。由一個言語不通的異鄉人，都能做到奇蹟的業績，我相信這已不是簡單的文字所能形容和表述。

直到今天，Jackie都不斷努力進步，鑽研開創新的銷售方法和教育訓練，不斷傳授給每位渴望成功的銷售人員。我真的可以形容他是一位不問收穫的農夫，不停的埋首揮汗去播放成功的種子，希望大家在他的書裡，找到自己的成功種子。

Tommy Choy 香港迪士尼美語區域業務經理

Jackie Liang是我多年的好友，在加拿大溫哥華認識，後來他回臺灣發展事業，而我則回流香港。一九九八年某日，Jackie被公司派到香港開拓業務，他來找我協助，從此開始了我的業務銷售工作。在此之前，我沒有任何業務銷售的經驗，所有的銷售技巧與經驗，都是Jackie傳授給我的。除了成交業績之外，他也非常注重學習，記得他送我好幾本書，其中一本是卡內基的著作。

Jackie的領導很簡單，不像一般只會紙上談兵，談得口沫橫飛，他總是以身作則，像一個領軍作戰的將軍，永遠衝在最前線。他自己約訪客戶，成交個人訂單，兼且陪同我拜訪，從旁指導。我加入 Jackie 的團隊，首月就成爲業績最高的 Top Sales，這是我從沒預想過的結果，我不但從事業務工作，還獲得單月業績最高的榮譽。

Jackie 是個工作狂，每天工作超過十幾個小時，他做銷售、訓練、行政管理、市場推廣……，步調飛快且馬不停蹄，總是散發無限的熱情與源源不絕的精力。他曾說過努力賺錢，之後就要盡情享受，在工作與生活之間取得完美的平衡，他眞的每年都做到了，當然我也一樣做到了。我們每年達成業績競賽，拿下團隊第一，足跡遍及世界各地接受公司表揚，在埃及、巴黎、沙巴、峇里島、尼泊爾等地，都留下我們的榮耀，還有購物、旅行、美食的歡樂。

Chapter 2

打造一個安全圈

建立一個家庭

銷售人員是善於社交的動物，比起一般上班族，對他們而言，人際關係、接受表揚以及歸屬感等，都是不可或缺的。如果領導者可以在團隊中創造一個充滿回饋的「家」，則可以減少人事問題、降低人員流動率。

組織的實力來自於員工的團結，領導者除了鼓勵部屬互相競爭，也鼓勵他們彼此照顧，如果大家願意攜手共進，組織就會變得更強大。所以，領導者的責任就是建立一個具有安全感和充滿信任感的家庭，讓部屬可以心無旁騖的在這個家庭裡盡情的發揮所長，爲團隊的合作與凝聚力，打下成功的基石。

1.與部屬建立感情帳戶

激勵大師賽門・西奈克（Simon Sinek）在TED演說「好的領導者，會讓你感到安全感」，講述二〇〇九年美軍陸戰隊在阿富汗某一次行動中遭遇埋伏，一名叫文森的上尉奮力帶領弟兄突圍，並奮勇搶救死傷者。當時救援直升機上的士兵頭盔上有攝影機，錄下了令人震驚的畫面，文森上尉將一名頸部中彈、滿身是血的同袍帶上救援直升機後，俯身親吻了這名受傷同袍的額頭，隨即轉身回到槍林彈雨中繼續搶救更多人。這些奮不顧身的舉動，令人深刻感受到同袍之「愛」。於是賽門好奇的進行研究，爲什麼戰場上的士兵會有這樣的行爲？他第一個想法是：「可能會去從軍的，都是原本就比較好的人。」他們可能本來就信奉服務大眾、願意犧牲奉獻，所以才會如此相互對待，不然，爲什麼在辦公室的同事之間，不存在這樣的關係和行爲！

後來，賽門的研究結果與他當初的想法南轅北轍，他發現並非這些士兵先天就懂得犧牲奉獻，而是「環境」造就他們的行爲，更進一步而言，只要環境正確，每個人都會做出相同的事情。

是什麼樣的環境造就戰場上的士兵願意爲同袍犧牲奉獻？答案就是「信任與合作」。賽門訪問了每一位士兵同樣的問題：「爲什麼你願意爲了同袍不顧生命，冒險搶救他們？」所得到的答案竟然完全一致：「我的同袍也會爲我犧牲生命！」就是這種深厚的「信任與合作」所共同創造的環境，讓彼此都願意爲他人而付出，甚至犧牲生命也在所不惜。

賽門接著探究信任與合作是如何產生的，信任與合作是一種感覺，而不是一個指令，絕不是領導者在臺上高呼「相信我」，而部屬就會相信，也不是領導者命令你們兩個必須合作，而部屬就會衷心合作。而是當領導者有意識且持續的將組織成員的安全與生命放在第一位，願意犧牲自我的舒適感和有形的成績時，部屬就會對團隊產生歸屬感與安全感，當成員感到有歸屬感與安全感後，自然產生信任與合作。

帶領團隊也是一樣的道理！如果想建立一個像家庭的團隊，讓部屬願意彼此信任與合作，首要之務就是建立團隊的安全感與歸屬感，而這一切必須從領導者本身開始，因爲領導者的作爲決定了團隊的基調，當領導者以身作則，率先作出犧牲奉獻的行爲，部屬才會跟隨，然後慢慢的……驚人的事情就會發生。

創造一個對的環境。我在香港任業務經理時，看過一份有趣的職場調查統計，業務員離職的前三大原因是「賺不到錢、學不到東西、不開心」。你現在可以闔上書思考看看，這三個造成業務員離職的原因，哪一個是第一名？

你猜對了嗎？「不開心」竟然是業務員離職原因的第一名，而不是賺不到錢！

以前我一直認爲「錢」是業務最重視、最想獲得的結果，因爲我們都是被「收入無上限」吸引而成爲業務的。直到我發現有一些部屬拚命在做業績，但是家庭環境也很富裕，其實這些部屬做不做業績，對他的生活一點影響都沒有，爲什麼他們選擇留在這裡當業務，而不是選擇一份輕鬆的工作呢？

有人天生就是老鷹，從不滋事、從不需要主管擔心，個人業績總是長紅，但最後卻選擇離開？這一切問題的根源就在「環境」。在一個充滿彼此信任與合作的環境中，業務主管較容易留住絕大多數的業務，人員的流失率自然降低，相對的，如果環境不對，老鷹是可以隨時轉換環境的，因爲單憑老鷹的能力，無論到哪裡、銷售什麼商品，老鷹終究還是老鷹！

美國心理學家克雷頓・阿德佛（Clayton Alderfer）提出人類有三種基本需求——ERG理論，分別是生存需求、關係需求以及成長需求。（ERG理論是改良馬斯洛的六種需求層次理論而來）

「生存需求」就是維持生存所需之物質及生理需求，例如食物、薪資、職場環境、居住環境等。

「關係需求」就是期望與家人、朋友、同事……之間，擁有良好的人際關係與互動。

「成長需求」就是期望自己能夠提升能力、獲得成長、克服難關的需求，讓自己變得更有競爭力。

阿德佛認爲在現代安穩的環境中，人類不會在最底層的生存需求獲得滿足後，才進而追求高一層的需求。更有可能發生的是，多數的人們會同時追求三種需求共有，也就是「賺到錢、學到東西、開心」。所以，一個良好的職場環境，必須同時提供並滿足部屬的三種基本需求，當領導者開始創造一個好的環境時，就等同與部屬開設一個感情帳戶，爲存入「感情」作好準備。

用心傾聽。我在寫本書時，恰巧遇到二〇一九年春節華航機師罷工，影響了上百航班，同時也影響了幾千人次的旅客，此次機師罷工之舉，讓許多旅客怨聲載道。就在華航機師罷工期間，我參加朋友的飯局，其中有位客戶是另一家航空公司的空服員，話題談到罷工事件時，這位客戶脫口說出：「華航的薪水比我們好太多了！」朋友就好奇的問：「爲什麼你們沒有罷工？」客戶說：「雖然我們也很想罷工，但是公司一直都有和員工溝通，同時傾聽員工的需求，然後試圖找到雙方的平衡點，這就是我們從來沒有罷工的原因。」當然，如果溝通後遲遲無法達成共識，雙方均不願退讓，這樣的平衡點很快就會被打破。

美國一家機構曾對員工作過一項調查，試圖找出領導者最被喜歡與最被厭惡的特質。結果顯示，領導者最受歡迎的特質是「善於傾聽部屬的聲音」，最令人厭惡的特質是「不回應」，當部屬與不回應的主管說話時，感覺就像跟空氣對話一樣。如果領導者善於傾聽，這將是部屬最大的福祉，不但讓部屬在與領導者溝通時感到受重視，並更利於團隊合作的進行。所以，善於傾聽部屬的聲音，是優秀領導者必備的特質，這會讓部屬感到被尊重與信任，領導者願意與他們站在同一陣線、願意爲他們著想。透過傾聽，領導者與部屬之間可建立深厚的感情，並爲感情帳戶存入不菲的金額。

適時回饋。我看過很多業務主管，開早會時在臺上萬分激動的公布新的獎勵辦法，同時制定考核標準，會議結束後就放心的回到自己的辦公室，心想：獎勵辦法與處罰標準都已經布達了，業務員應該會自動調整行爲，應該會爲了贏得獎勵或規避處罰而拚命了！結果呢？可想而知。

領導者的責任是幫助部屬建立能力並有意願去完成每一項任務。但領導者能否有效的履行責任，關鍵在平時的「回饋」，而不是在業績截止，當部屬未能達成目標或完成任務時，才怒氣沖沖的檢討結果，檢討如果有效，就不會有那麼多業務總是無法達成目標了。

「回饋」是領導者在平時就要做好的輔導工作，當部屬非常努力或順利成交時，立即給予正向的回饋，鼓勵他們再往前邁一步。當部屬業績搖搖欲墜時，領導者更應該即時回饋，與部屬討論業績問題，是自信不足？技巧不到位？目標不明確？還是有其他原因？找出問題的癥結並給予有效的協助。當領導者願意傾聽與回饋時，就是持續不斷的與部屬在感情帳戶裡存款，帳戶有足夠的存款，在必要時刻才有辦法提款，而「責備」、「給壓力」就是領導者在執行提款的動作。如果領導者平時有與部屬共同存款，這時給的責備與壓力，部屬才會虛心接受，因爲部屬知道責備與壓力是出於眞正的關心。

領導是一種選擇，而不是一種位階的表現，當領導者選擇去照顧身邊的每一個人，這才是眞正的領導，部屬才會爲了實踐共同的夢想而拋頭顱、灑熱血。

2.帶人帶心

如果你和我一樣，是從基層業務員做起，還記得在做業務員時，是怎麼度過每一天的嗎？

如果昨天有成交，今天一早起床就會覺得精神百倍，世界的一切都是那麼的美好，就算昨天因爲騎摩托車跟在大貨車後面，吸入過多的ＰＭ二．五也不放在心上，只因爲有成交，所以業績眞的可以治百病！

不過，這樣美好的情景不是每天都會發生，絕大多數的日子都是以「沒成交」收場，雖然昨晚與客戶奮戰到凌晨十二點半，但結果沒成交，所以今天的早會，只能眼睜睜的看著經理表揚其他有成交的同仁。你深知業務行業「勝者爲王、敗者爲寇」的道理，因爲你有夢想、不放棄，雖然拖著沉重的步伐，還是乖乖的準時回公司開會。

會議一開始，有成交的同仁一一接受表揚，按照慣例分享昨天客戶爲何會成交，你豎起耳朵聆聽，緊握著筆勤作筆記，期望能學到幾招實用的必殺技。但有些同仁說是運氣好，有些不知道爲什麼客戶會簽，有些只是隨便講一講客戶就買了，還有些站上臺就緊張到傻笑。

你心裡想，他們也運氣太好了吧！我昨晚與客戶周旋到底，耗盡洪荒之力，只得到客戶一句「我會認眞考慮」，雖然知道這是客戶只想脫身的說詞，但也無能爲力。在回家的路上寒風吹起、細雨迷離，一切只能全然承受，因爲這就是業務的日常。

早會中，你重燃鬥志，決心要更加努力，但一翻開行事曆，發現未來幾天都沒有見客戶的行程，也沒有約到客戶，縱使雄心萬丈，就是無法產生業績，所以你決定會後要趕緊約訪客戶。當你準備要開始認眞約訪時，卻被經理叫到辦公室裡「關心」，經理不是關心你是否遇到問題或困難，而是在意你何時會有業績，最後離開時還被警告，如果再沒有業績，可能連考核都過不了關！

如果，你也是從基層業務員做起，你應該知道，業務員是一份相當孤獨的工作，必須獨自開發客戶、獨自拜訪客戶，如果沒成交，更須獨自承受壓力與失敗。領導者不能換了職位就換了腦袋，無論你有沒有經歷過業務員的無助與孤獨，領導者本應放下身段，展現同理心，把自己的腳放進部屬的鞋子裡，用心思考與體會。領導者不會因爲頂著官階之後，就擁有良好的人際關係，除非你能換位思考，了解部屬的困難，並提供解決的方法。展現同理心才能帶人帶心，才能讓部屬投入更多的熱忱與努力，進而提升組織整體的績效。如何成爲一位帶人帶心的領導者，可以從以下三方面著手，與部屬建立更深厚的感情。

做一個接地氣的領導者。「接地氣」最好的方法就是走動式管理，麥當勞創始人雷・克洛克（Ray Kroc）不喜歡整天坐在辦公室裡，所以大部分的時間用在到各部門走走、看看、聽聽、問問。曾有一段時間麥當勞面臨嚴重虧損危機，克洛克因爲平時在各部門走動的關係，發現造成危機的其中一個原因，是多數部門的主管「官僚主義」嚴重，習慣躺在舒適的椅背上比手畫腳、發號司令，並將寶貴的時間耗在喝咖啡和閒聊上。於是克洛克命令所有經理將椅背全部鋸掉，逼經理離開辦公室，展開走動式管理，由於經理們親自走到員工工作的場所，才能及時了解狀況，現場解決問題，結果使麥當勞轉虧為盈。

很多業務主管將自己的時間花在開會，總是喜歡叫部屬進辦公室討論、作決策，剩餘的時間就坐在辦公室批文件或看各種報表，除了上廁所或吃飯之外，幾乎都坐在他的「豪華辦公室」裡。由於領導者喜歡坐在辦公室裡，資訊來源全靠報表、文件，或某幾位特定部屬的報告，所以漸漸的會將自己與部屬隔離，最終變成一位與現實脫節的領導者。

身為領導者，至少有一半的時間必須走出辦公室，與平時沒機會對話的第一線業務交談，一對一的互動，因為業務組織的競爭力，來自於第一線的業務員，多數業務員遇到的問題，就是組織業績不好的問題。當你走出辦公室，透過互動實際了解部屬的工作狀態，才能感同身受，也才有機會真正幫助他們。

領導者也是人，雖然無法時時都充滿能量，但卻可以時時都展現熱情，我喜歡透過在辦公室裡走動、問候及關心，來展現我的熱情。我會先脫下西裝外套、捲起袖子，帶著我的記事本，同時提醒自己不是工地監工，因為走入部屬群中並不是要逼業績、不是要挑毛病，而是要讓部屬感受到「我很在乎你們」、「我願意和大家一起打拚」。「有沒有遇到什麼困難？」這是我最常問的問題，如果是銷售技巧上的問題，我會不厭其煩的示範教導正確的方法，如果遇到部屬抱怨或提出建議時，除了專注聆聽之外，我也會拿出記事本記下來，並再問：「還有嗎？」讓部屬暢所欲言。

走出辦公室最主要的目的是「展現關心」，當領導者付出時間與部屬互動，才能即時提供協助、解決問題，並能面對面的激勵士氣、強化信心，同時建立更深厚的感情。

適時的伸出援手。帶人帶心是要獲得部屬打從內心的認同，絕不是討部屬歡心、吃吃喝喝、打屁聊天搏感情就能「帶心」。想要帶人帶心，必須創造你在對方心中的價值，也就是你是否能成爲部屬的表率？你們是否有革命情感？你是否願意眞心付出？因爲同甘不一定能交心，共苦則會一輩子銘記在心。

雖然我離開香港業務經理的職位已經十五年，但令我覺得最開心的，是許多以前香港的部屬來臺灣，我們都會約時間碰面喝杯咖啡、聊天敘舊。我也發現一件有趣的事，與我保持聯繫的這些舊同事，絕大多數是我在香港的第一年，陸陸續續加入的「戰友」。這些最早期的部屬，我稱之爲戰友，因爲當時他們在公司初創，資源匱乏、百事待興的狀況之下，就毅然決然的加入這個「沒底薪」的銷售工作。

我們多年後聚在一起喝咖啡閒聊，話題幾乎都圍繞在過去香港公司草創、一起打拚的甘苦。我們的革命情感來自於一起打電話約訪，除了我自己約客戶之外，我也會坐在旁邊，聽他們的約訪哪裡出了問題，然後立即給予回饋，改正技巧的不足。也來自於每天晚上各自見完客戶之後，回到辦公室集合，我負責回答他們當日在銷售上，所遇到的任何問題，幫助他們更能獨當一面、展翅高飛。也來自於每個星期六、日去商場布點，我們一起搬器材到商場，除了我自己談客戶之外，我也會在他們需要時，主動幫助他們成交客戶，然後在工作結束後一起撤離器材。

領導者如果只是用嘴巴激勵、打氣，通常不會有太大的效果，唯有與部屬經歷過生死與共而建立了革命情感，並在他們需要時適時伸出援手，才眞正能帶人帶心。

爲部屬扛責任。在香港時，我的老闆馬拉漢（Michael G. Malaghan）每三個月會從日本飛來香港一趟，主要是與各部門經理開會。在某次會議後馬拉漢找我單獨談話，他說公司有查到一位業務員，除了退傭金之外，還超送贈品給客戶。他接著說：「這些行爲在別的公司或許是被默許的，但是在我們公司不允許，因爲這會製造混亂，並造成其他業務員在銷售時的不公平。」老闆建議我應該要開除這位業務員。

當下我第一個反應是「羞愧」，這絕對是我的領導有問題，才會讓部屬犯下嚴重的錯誤。於是我跟老闆說：「這絕對是我的錯，因爲我沒有教好部屬，所以我想爭取再給這位業務員一次機會。」

老闆轉過頭來看著我，同時拍拍我的肩膀說：「Jackie，退傭金與超送贈品給客戶，都是很嚴重的事情，雖然我的建議是直接請對方離職，但是你才是他的老闆，你自己斟酌決定就好。」

當時我幫部屬扛下責任的決定，並沒有讓這位部屬記取教訓，因爲過沒多久，這位部屬爲了簽單，又故態復萌了，最後我還是請他離職。對方在離職後一直懷恨在心，找了我當時的上司讓他回鍋到總公司，並且成立了一個「緊急處理」部門，將整間公司搞得風風雨雨。

在我離開香港十五年後，與舊部屬聊到這件事時，他們都會問我：「Jackie，你有沒有後悔幫了一個『反骨仔』（廣東話：意思是背叛者）擋子彈？」我笑笑的說：「如果當時會後悔、或在意被人背叛，我也不會在發生這件事之後，還繼續爲其他人扛責任，不然，也不會交到你們這些一輩子的朋友。」

領導者就是得概括承擔所有的責任，除了對自己的言行舉止負責之外，也必須爲部屬的言行舉止負責，因爲他們的行爲就是你領導的結果，你責無旁貸。當領導者懂得挑起重擔、勇於負責，才能獲得部屬的信任，才能創造深厚的友誼。

3. 促進團隊合作

我在前著《成交在見客戶之前》分享了我第一天做業務的故事。就在我做業務的第一天，打第一通電話，就約到第一個客戶，而在當天就成交第一張的訂單。我能在新人的第一天就成交客戶，有部分原因是我積極的態度，但大部分原因是我的「運氣好」。

爲什麼說我的運氣好？我之所以約到客戶、成交客戶，是受到同事 Jerry 的幫助。Jerry 不是我的上司，雖然我們使用同一個辦公室，但我們在不同的 Team，直屬的經理也不同，因此我的成交對 Jerry 沒有任何利益，爲什麼他卻願意浪費一個下午的時間來幫助我？我後來才發現，因爲這個辦公室裡，充滿了互助合作的氛圍。

我在臺中團隊待了幾個月後，因爲個人業績表現出色，適逢 Jerry 的經理將派任到花蓮分公司，於是他提出了請求，希望我與 Jerry 可以到花蓮，幫助他訓練新團隊。我們在花蓮一起睡在辦公室，一起訓練新加入的夥伴，一起實戰示範如何約訪客戶，並且陪同新人拜訪，幫助他們成交客戶。在短短的一個星期之內，我們幫助新人成交了數張訂單！但我們有要求與新人對分傭金嗎？完全沒有。爲什麼我們沒有要求分享傭金呢？因爲我們一致認同，新人賺到技巧與傭金，而我們賺到教學與帶人的經驗，這些「利人利己、互助合作」的思維，早就在我們團隊中根深蒂固。

《與成功有約》是一本很棒的管理書，由美國著名的管理大師史蒂芬．柯維（Stephen R. Covey）所著。在書中史蒂芬談到人際關係的思維，可以歸納為六大類，分別為：

籠罩在激烈競爭氣氛下的「損人利己」，唯有擊敗他人才能成就自己，就像打官司一樣，必須分出誰是誰非，所以只會有單贏的結果。再來是個性消極、習慣委曲求全的「損己利人」，這些人做事沒有原則，只能藉由讓利與討好他人來獲得肯定。以及頑固、互不相讓、過分以自我為中心的「兩敗俱傷」，此舉注定一個結果，就是雙輸。此外還有自掃門前雪的「獨善其身」，這些人只做利己的事情，但不一定會損人，所以也只有單贏。更有買賣不成仁義在的「好聚好散」，這些人認為道不同不相為謀，如果彼此意見不合、沒有共識，倒不如各走各的路，無損相互的關係。最後一個是「利人利己」，雖然為自己著想，但也不忘他人的權益，總是謀求兩全其美之策，也就是造就雙贏的結果。

史蒂芬指出，前面五種人際關係思維，並沒有絕對的是非優劣，何者才是正確的呢？答案是「視情況而定」。例如在運動場上，自然得分出高下；在業務競賽時，不同的業務單位之間，當然存在互相競爭。但若領導者希望建立一個家庭、創造一個互助合作的團隊，則前面五種思維均不適用了，領導自己的團隊，一般而言最適用的還是「利人利己」，利人利己可以促使雙方互相學習、互相影響，最後共蒙其利。

擁有共同目標。賈伯斯說過：「如果每個人都要去舊金山，那麼，花許多時間爭執要走哪條路並不是問題。但如果有人要去舊金山，有人要去聖地牙哥，這樣的爭執就很浪費時間了。」團隊能夠合作無間的關鍵，在於擁有共同目標，當大家有共同目標時，就算有爭執也不是問題。

領導者必須在團隊內倡導「互利」的思維，持續不斷的鼓吹，直到「互利」內化成爲團隊一致的目標，並鼓勵大家互相幫助，將業績競爭融入互相激勵、互相鼓勵、互相學習的元素。

我與 Jerry 雖然是好朋友，在業績上我們仍然互相競爭，但不是爾虞我詐、爭得你死我活的態度，也不是用踩在別人的屍體往上爬的方法，而是將原本的競爭轉化成正向的動能。

每當我在樓梯口抽菸遇到 Jerry 拜訪客戶回來時，他一出電梯看到我，就會對著我大喊：「Jackie，我剛剛成交了一張訂單了，你還在這裡幹什麼？」我會立刻還以顏色說：「我今天晚上就可以追上你，你不要太臭屁！」我們不會因對方成交而眼紅，更不會在背後說對方只是「運氣好」的風涼話，甚至在彼此業績撞牆時，我們會互相支援、互相幫助，也會互相分享好的話術與技巧。我們整個團隊雖然有競爭，但是沒有輸家，因爲我們的競爭對手在外部，而不是在團隊內部，所以大家都是贏家。

如果領導者認爲，業務員就是要互相競爭，有競爭才能刺激提升業績，甚至將各區人馬特意分化對立，彼此互看不順眼、互不妥協讓步，陷入惡性競爭的循環，讓自己成爲最後的漁翁得利者。事實眞是如此嗎？

新人護照。業務團隊有一件日常重要的工作，就是持續的增員，就像「鯰魚效應」一樣，持續維持團隊的活力與競爭力。但實際上增員實屬不易，而新人的定著率更是領導者最大的挑戰。

假設，今天好不容易增員了一位新人進來，當新人進到辦公室後，發現氣氛不對，因爲不同組別的人總是明爭暗鬥、各自爲政，甚至互不交談、互扯後腿，團隊的感情很顯然的出現了赤字，而新人置身在這樣的氣氛裡，很容易陷入無所適從的處境。除此之外，還得擔心自己不在辦公室時，新人受到其他組別負面的影響。很快的，一位原本滿懷希望的新人，將成爲團隊缺乏「人和」下的犧牲品，陣亡是指日可待的結果。所以領導者在團隊內製造惡性競爭，最後大家都是輸家！

因爲我的新人階段，在臺中感受到團隊互信、互助的重要性，於是我在創建香港團隊時，就將互信與互助列爲重要目標。我以身作則、率先付出，並鼓勵及獎勵部屬們互相合作，慢慢的，幾位最先加入團隊的部屬晉陞爲主任後，我們開始了「新人護照」的計畫。在任何一位新人報到之後，這位新人的主任，必須帶著新人去拜訪其他主任，並請其他主任在拜訪客戶時，帶著這位新人一同前去，並當場確定拜訪客戶的時間。

每位新人的特質不同，所以靠單一主管的帶領，只能傳授單一的方法，新人不一定適用，所以我們透過「新人護照」計畫，讓所有主管同心協力的投入輔導和傳承，並規定每一位新人，必須跟七位以上不同的主任拜訪客戶。透過團隊同心協力、互助合作，我們提高了新人的定著率，同時也減少人員的流動率。

團隊就是一支球隊。團隊聚在一起就是爲了共同進步，最終贏得勝利。幾年前，美國NBA刮起了一股林書豪旋風，當時因主力球員受傷，林書豪獲得替補上場的機會，帶領殘兵弱將贏得七連勝。美國著名媒體富比世（Forbes）網站因此整理出「從林書豪身上學到的十堂課」，指出林書豪除了籃球技巧之外，還有值得大家學習的十件事，分別是「當所有人不相信你時，你仍應相信自己」；「當機會來臨時，要懂得緊緊抓住」；「家人是最強的後盾」；「團隊合作才是成功要件」；「不要模仿別人，應塑造自己的風格」；「保持謙虛不驕傲的態度」；「讓身旁的人更好，他們會更愛你」；「別忘記上帝的恩寵」；「成功是留給準備好的人」。

你有發現嗎？除了自我要求之外，林書豪最讓隊友欽佩的是：展現團隊合作與幫助他人成功的態度。因爲林書豪深知團隊合作才能幫助球隊贏球，勝利是所有人齊心合作的結果，光靠他一個人是無法辦到的。所以在場上，林書豪除了自己攻擊得分外，也不斷幫助隊友創造機會與助攻，毫不自私的幫助隊友有亮麗的演出，而且在賽後將功勞都歸予隊友。

領導者必須有清楚的認知，不是一群人聚在同一個辦公室一起工作，就叫做團隊。一九九四年，美國組織行爲學權威史蒂芬・羅賓斯（Stephen P. Robbins）首次提出了「團隊合作」的概念，就是「爲了實踐某一目標而由相互協作的個體所組成的正式群體」，意即團隊合作是一種爲達到既定目標，所展現出來的自願合作與協同努力的精神與態度，可以影響團隊成員自願付出所有的資源與才智，並且自動排除不公、不和諧的現象，同時給予大公無私的奉獻者回報。所以，領導者如果能帶領團隊產生自覺自願的互助合作時，必將在團隊中產生一股正向、強大且持久的力量。

關鍵小事

道家創始人老子有句名言：「天下難事，必作於易；天下大事，必作於細。」指出做事的原則，難事從易處著手，大事由小事開始。

在團隊中建立一個家庭是一件大事，卻是由無數的「關鍵小事」所建構出來的，但關鍵小事與小格局思維完全不同。對業務員來說，要創造出色的業績，努力、技巧與運氣三者都非常重要，很多時候雖然努力、技巧到位了，就是欠缺運氣。長期運氣不佳的業務，思維會變得相當負面，此時就需要團隊這個家庭來幫助他度過難關，而關鍵小事就是將團隊變成一個家庭的主要因素。當領導者不在意關鍵小事，只用小格局思維來思考，認爲部屬就是不認眞、不積極才導致業績差，然後不斷的施壓檢討，甚至惡言相向，導致部屬身心疲憊，雙方無法溝通，最終只有離職一途。

1. 建立歸屬感

頂尖的優秀領導人都有出色的領導特質，例如重承諾、有人品、有膽識、積極正面、善於溝通等等，這些特質哪些會表現得較突出？哪些較不突出？會因個人的才華、能力及風格而有所不同，但有一樣是每一位頂尖領導者都做得非常徹底的，就是在團隊中建立「歸屬感」。優秀的領導者都清楚知道，擁有追隨者才是眞正的領導者，如果無法在團隊中建立歸屬感，部屬不會有忠誠度，對工作不會投入、沒有熱情，而且也不願意衷心接受團隊的教導。

如要建立屬於團隊的歸屬感，可以由三個方向開始，首先，是以身作則，從領導者開始作一個良好的示範，「親力親爲關心每一位部屬」，時時幫助他們用新觀念、新思維、新方法來突破及解決問題，善用領導者的個人魅力來激勵、鼓舞部屬完成目標，建立更好的信念、價值觀及工作態度。其次，因爲優秀的領導者時時都在關心部屬，所以可以「創造有效溝通的管道」，對業務員來說，如果能夠直接與單位最高的領導者對話，對他們來說是一種情感釋放的情緒表達機制。透過有效的溝通，可以讓不滿的業務員直接面對領導者抱怨或交流，如果領導者沒有每日主動去關心每一位部屬，多數的部屬也不會主動來敲門，當他們遇到憤憤不平、又無法解決的事情時，只好找同事訴說不滿，接著這些抱怨就會像病毒一樣擴散，直到要花更多心力去撫平爲止。最後，就是在團隊中「塑造和諧的人際關係」，心理學家阿德勒說：「生命當中遇到的所有困境，都是與人際關係有關的問題。」當部屬將團隊當成一個心靈可以靠岸的地方，除了工作踏實之外，對團隊也會產生強烈的歸屬感，前面提到的新人護照，就是其中一項能夠完全展現和諧人際關係與互助的行動，當團隊形塑一個共同的價值觀時，才能互相尊重、和睦相處、坦誠相待。

「親力親爲關心每一位部屬」、「創造有效的溝通管道」、「塑造和諧的人際關係」這三件事就是開始建立歸屬感的最佳起點，但須注意的是，這三件事情並非個別獨立，而是可以同時並行。當領導者走出自己的辦公室，走到每一位部屬身旁，拍拍對方的肩膀，並問候一句：「今天好嗎？有遇到什麼問題嗎？」他們絕對可以強烈感受到關心。如果部屬遇到困難，或是有好事發生，鼓勵他們與你分享，這時可以馬上拉張椅子坐在旁邊，專心仔細聆聽，遇到抱怨時，最好還能作筆記。如果部屬最近剛好在低潮，銷售與開發客戶總是撞牆，除了可以親自教導之外，還可以找最近表現最好的業務過來分享（最好是不同 Team），不需要進會議室，就在開放的辦公室裡，大家拉張椅子靠在一起，也讓所有的部屬看到、聽到、感受到，創造一個和諧、互助的團隊，是辦公室每一個人共同的責任。領導者以身作則的目的，是要清楚的表達「我希望你們都可以跟我一樣」，因爲在團隊中創造歸屬感，最終的受益者是團隊中的每一個人，也包括未來要增員的新人。以領導者作爲表率，就能感染其他部屬加入「創造歸屬感」的行列！而要更進一步強化歸屬感，還可以多做些什麼呢？

發揮每個人的價值。一個沒有歸屬感的團隊，永遠是一盤散沙，當部屬感覺被團隊成員或整個團隊接納與認可時，歸屬感就從中而生了，因爲每個人都希望自己在團隊中，能夠受到肯定與重視。當某人在團隊中感受到不被肯定、不被需要時，他們就會產生自己是可有可無、可以輕易被取代、可以隨時被拋棄的強烈不安全感，這些缺乏歸屬感的部屬責任感不強，且對工作難以產生熱情。

二十五年前，在我還是業務新人時，經理知道我很會畫畫，於是在某個星期六的下午，請我依照他的想法畫了一張卡通圖，主要是幫助業務同仁在處理客戶反對問題時使用，就在星期一的早會上，經理特地將我畫的圖拿出來，在會議上用將近十分鐘的時間講解如何使用，以及感謝我還只是新人就做出對團隊卓越的貢獻。我依稀記得當天在會議上，每個人給我熱烈的掌聲及讚美，在會議後，同仁都前來向我索取這張圖的影印本，到現在我還搞不清楚是我畫得特別好？還是團隊的成員都佛心來著？但是我永遠不會忘記，當時受到整個團隊的讚美與被需要感。

領導者在帶領團隊時，一定有些互動較多的部屬，也有某些互動較少的部屬，如果總是將責任與工作分派給少數特別熟稔的人，就容易忽略掉大部分的人，而與領導者感情較好的，也就是業績較好的那一群人，通常只占團隊人數的兩成。所以領導者必須用心去了解每一位部屬的優點、缺點及家庭狀況，無論對方的業績是否出色，都可以賦予他們擅長的工作與責任，而這些活動不一定要與「業績」掛鉤，也可以單純爲了增加歸屬感而設定，就像當年我的經理請我畫了一張卡通圖。

優秀的領導者不只創造自己的價值，還能幫團隊每一位部屬，創造他們存在的價值，一個充滿歸屬感的團隊，足以凝聚散沙，築成厚實的高牆壁壘。

不要一個人吃飯。美國奇異公司前執行長傑克．威爾許（Jack Welch）在他的自傳《Jack:Straight from the Gut》中表示，當他在評估管理人才時，最重要的是尋找他們的「熱情」，熱情的本質是顯而易見的，你能感受到他人的熱情，他人也能感受到你的熱情。熱情就像空氣一樣，我們無法憑空去想像，但當熱情出現時，我們可以很眞實的感受到，而領導者存在於辦公室，就是要確定部屬可以眞實的感受到你所傳遞的熱情，然後複製學習，再將這份熱情傳遞出去。

「不要一個人吃飯」就是領導者傳遞熱情的好作法，而我所說的「不要一個人吃飯」涵蓋範圍很廣，包括字面上的含意，領導者每次用餐時，總是找一、兩位主管一起，這是在最放鬆的情況下，與你的主管們溝通的管道，讓他們感受到關心與熱情。在飯桌上不談公事、不談業績，問問他們是否遇到困難？團隊中需要什麼改變，讓氛圍變得更好？問問「你」還有哪些地方可以做得更好？當然也可以關心他們的家人與近況。除此之外，我最常做的是「陪同」，雖然我會撥出時間陪同新人拜訪客戶，也會陪同業績撞牆的部屬拜訪客戶，但我不會花太多時間在這上面，因爲這是他們直屬上司應該做的事。這裡所說的「陪同」是「部屬陪同我去拜訪客戶做銷售或做售後服務」，對！你沒有看錯，每當我要去拜訪客戶做銷售或做售後服務時，我總會帶一位部屬同行，優秀的領導者會利用每一次機會，讓部屬觀摩與學習，同時增加他們的歸屬感。

如果領導者本身就是團隊的標竿，則千萬不可浪費每一次拜訪客戶的機會，透過實際的實戰示範，來取代在會議室裡的教學，同時藉機展現能力給部屬看，用實際的業績告訴他們：「跟著我就對了。」

保守他們的祕密。只要有人的地方就會有恩怨，就會有是非紛爭，領導者千萬不能把談論某人的是非當作增進交情的手法，其中最忌諱單獨找部屬到你的辦公室裡，故作神祕的說：「我告訴你一個祕密，但你千萬不能對別人說！」通常你以爲是祕密的批評，都會傳遍辦公室裡的每一個角落，最後被部屬貼上一個「不被信任」的標籤。整個團隊的人際關係好與壞，對能否建立歸屬感有很深遠的影響，而領導者習慣在背後談論他人的是非、祕密，就是對人際關係最大的破壞，而且部屬也會有樣學樣。領導者就是團隊的管家，在人際關係的相處上必須嚴守分際，恪遵下列幾項原則：

(1) 尊重部屬的個人隱私，不要過分挖掘，學習尊重每一個人。

(2) 談話時注視對方的雙眼，展現尊重與重視，避免一邊做事一邊談話。

(3) 部屬告知的私人情事，絕不向第三者透露，別用祕密話題來套交情。

(4) 不在公開場合針對某一位部屬作批評。除非有人公開挑戰你，此時須立即作出強而有力的回應。

這四個原則，是我當上業務經理一段時間後才學會的事。我發現當領導者有能力爲他人保守祕密時，你在團隊中的影響力就會擴大，並且上行下效、風行草偃，更有利於建立團隊的歸屬感，當部屬有歸屬感時，他們甚至會在你面前坦然一切。我舉幾個眞實的例子：當時在我的團隊中有好幾對情侶，每當情侶爭執時，幾乎都會請我當和事佬，雙方也都願意聽我的意見。某位部屬曾問我，他已經煩惱了好久，不知道該不該參加公屋（臺灣叫國宅）抽籤，希望我能給建議。甚至某位部屬說姐姐幫她辦了美國依親移民，不知道該不該移民過去，想聽聽我的意見。

優秀的領導者必須明白，所有人都希望在工作職場上找到歸屬感，擁有歸屬感的部屬，就擁有較強的驅動力，而領導者在職場上建立一個家庭，即是滿足這種歸屬感最好的方法。

2. 每日必做五件事

我常遇到有些老鳥業務，在做了一段時間之後，覺得「我不需要學習了」、「我不需要開發客戶了」，認爲這些都是新人才需要做的事。「銷售、學習、開發新客戶」這三件事是成爲頂尖業務的基本功，基本功的意思是無論在什麼階段，每日都必須力行貫徹。這三件基本功，對資深業務來說可能已經非常熟練，但熟練並不代表不用做，因爲市場不斷在改變，以前學過的方法可能已經過時，舊的客戶也可能會用罄，所以頂尖業務總是抱著「歸零」的心態，讓自己持續的往前邁進。

相同的，要成爲頂尖的領導者，也有五件基本功是每天必須要做的，分別是：管理、銷售、招募、激勵與訓練。無論領導者現在處在什麼階段，組織可能只有十人、或五十人、甚至超過一百人，這五件每日基本功皆缺一不可。

管理大師彼得．杜拉克（Peter Drucker）說：「領導不單只是把事情做對，而是要做對的事情。」什麼是把事情做對？領導部屬、讓組織順暢運作、讓工作更有效率，所謂「管理」就是「把事情做對」，而「銷售、招募、激勵與訓練」就是「做對的事情」。當領導者能夠透過個人銷售、持續招募、激勵與訓練部屬來展現自己的能力時，在團隊中才會擁有權威，部屬也才會相信你能帶領他們披荊斬棘，相信你能夠帶領他們邁向更好的未來。而當領導者擁有權威之後，在管理上更能得心應手，因爲部屬知道，只要照著你的方法做，就一定能成功。

(1)管理

業務單位的管理，說到底就是「目標」的管理，唯一的目標就是幫助部屬業績達標。所以在執行管理者的角色時，應將重點放在「計畫、組織、授權、控管」這幾件能夠幫助部屬達成目標的事情上。

領導者必須計畫一個能讓部屬熱血沸騰的遠大的目標，然後找出關鍵的左右手，能夠幫助你一起在單位裡推動，組織並授權給他們，最後只要在過程中控管他們的進度即可。所以業務單位的管理不是要讓部屬對主管心生敬畏，業務員不同於一般的上班族，業務員不會因爲心生敬畏就產生業績，也不會因爲無止盡的會議就產生業績，更不會因爲遭受責備就產生業績。團隊要達成績效，領導者必須將有限的時間用在有效的管理上，管理部屬的目標，而不是責備部屬的能力。

如何幫助業務員達成每月所訂定的個人業績目標？我只在意二件事，就是「技巧」與「拜訪量」，只要業務員銷售技巧沒問題，也有足夠的拜訪量，業績的產生就是必然的結果。

每當我去業務單位講課，總會看到「一日三訪……一日四訪……一日六訪……」等標語，最誇張的是一日十訪！雖說拜訪量影響業績，但有些業務主管要求部屬的拜訪量卻不切實際，以我的標準一日三訪以上就是不切實際。首先來釐清什麼叫一訪？如果業務主管也是從業務員做起的，應該知道在客戶家裡做一次完整的銷售流程，從破冰談話、切入產品、結案、處理反對問題，這樣的一訪最起碼需要一至二個鐘頭的時間，當業務員在銷售時用盡全力，無論客戶有無成交，離開時應該是感到全身虛脫，如果每一次都用盡全力，依照我自己的經驗，能夠「持續」每日一訪已經非常了不起了。所以我最在意的是業務員每日必須有「扎實」的一訪，再加上「接觸」大量的客戶，我們當時透過問卷、打電話、拜訪閒聊、商場布點等方式，接觸或培養更多潛在客戶，幫助業務員持續爲未來的「每日一訪」作準備。我的做法是鼓勵他們做到每日一訪，然後在管理上約束他們的行爲與紀律，確實掌握業務員的目標，並且按部就班的朝目標邁進，就不需要擔心業績了。

(2) 銷售

業務員在公司的地位與業績息息相關，業績好的業務員在團隊裡的地位較高，而業績好的單位，業務主管在整個公司裡的地位也較高，這是永遠不變的眞理。相同的道理，如果業務主管想得到業務員的認同，就不能只靠頭銜而已，你的個人業績絕對是非常重要的「認同」指標，因爲你帶領的不是一般的上班族，而是擁有狼性的業務員，如果領導者沒有簽單的能力，那麼狼群也不會眞心誠服。

我到香港的第二年，當團隊超過四十人時，我開始放慢了個人的銷售，我認爲團隊需要我的照顧，所以我盡可能的留在辦公室，結果是我將自己想得太重要了！如果將管理上的「計畫、組織、授權、控管」都確實的進行，即使團隊規模擴充，領導者的時間反而會變多。業務主管沒有將變多的時間用在個人銷售或招募上，則部屬就會身受其害，因爲你會想更多名目藉口找他們來開會，如果靠著開會就有業績，每個業務員早成爲百萬富翁了！

還好在很短的時間內，我就發現我犯了「把自己看得太重要」的嚴重錯誤，因爲我的業務主管也開始染上跟我一樣的惡習。如果業務經理只做「經理」的工作，而不從事「業務」的銷售，這個習慣會像傳染病一樣瀰漫整個單位，因爲你的部屬會有樣學樣。

有的業務經理說：「一個好的教練，不一定是好球員。」言下之意是縱然不會銷售，也可以成爲一位好的業務經理，有沒有這樣的人？當然有。但如果由一位明星球員來出任教練，這樣會不會更有說服力？就像馬雲所說：「一個當不好士兵的將軍，一定不是好將軍。」因爲你不會銷售或是沒有在銷售，如何能夠了解部屬遇到什麼問題？該怎麼做能夠眞正的幫助他們？你建議的方法是你實際用過的，還是憑空想像出來的？

業務經理不必是單位裡的 Top Sales，如果是的話當然更好，但一定要持續的簽下個人訂單，除了以身作則之外，也讓管理更具有說服力。

(3) 招募

我們每次拜訪客戶時有三個使命，首先是與客戶培養感情及信任感，再來是銷售，最後無論銷售成功與否，都必須要求客戶轉介紹，增加未來銷售或招募的機會。所以我總是教育部屬，招募行為應該與銷售連結在一起，無須特別撥出時間做招募，而是時時刻刻都在招募。

我說過，業務只有二種，一種是老鷹，什麼是老鷹？Top Sales就是老鷹，很簡單易懂。另一種是鴨子，什麼是鴨子？鴨子只會一群圍著呱呱叫，卻什麼也做不了！

在上課時很多學員問我：「老師，我該怎麼做才能招募到老鷹？」

我說：「很簡單！只要你成為老鷹，就會吸引到老鷹。」

學員很納悶：「就這樣？」

是的，自己成為老鷹就是招募業務員最有效的方式。因為你是老鷹，不需要學太多的招募話術，也不需要辦招募講座，因為講多了，除了自己聲音嘶啞、對方耳膜破裂之外，只會找到一群鴨子而已。這群鴨子能把你的單位搞到「鴨」飛狗跳，也能把你活活的累死！

老鷹不需要耳提面命的告訴他，這個業務的行業有多好，因爲對方只要一樣有力的證據——就是你的「稅單」，招募就這麼簡單，這叫物以類聚。

你是想找人來上班？還是想找人來一起拚事業？如果你的願望是找到一群人來上班，結果就是找到一群鴨子，如果你想致力找到一起拼事業的夥伴，就別在地上找，要飛到高處尋。

爲什麼自己得先成爲老鷹？試想如果自己都飛不起來、都無法圓夢，如何說服別人，跟著你可以圓夢？如果自己的業績都在吊點滴了，如何說服別人，這市場好大？這就說明了爲什麼有些人招募很容易，有些人卻很困難，因爲「你是不是老鷹」就是招募容易或困難最重要的關鍵，所以業務主管持續簽個人訂單的影響是很深遠的。

招募業務員時，最忌諱一開始就將工作發展、公司福利講得太美好，因爲業務員擁有的一切，都取決於個人的業績，所有收入、晉陞與福利都是努力爭取才能贏得的。所以招募老鷹時，你可以大方的問對方下列幾個問題：「爲了成爲老鷹……」你願意配合我的要求嗎？你願意給這個行業多少時間？投入多少精力？每天願意花多少時間打電話與開發客戶？你願意不斷的充實自我、按部就班學習嗎？你願意全力以赴嗎？你願意每天拜訪客戶嗎？你願意利用晚上或假日拜訪客戶嗎？

從面試開始，就建立對方成爲老鷹的期望與正確的觀念，然後只要證明你可以教他、可以幫助他過更好的生活，這才是一個正確招募的方法。

(4) 激勵

部屬像一條繩子，領導者想讓繩子往前移動有二個方法，一是從後面推，但可以預期這結果並不理想，因爲繩子是軟的，如果從後面往前推，繩子一定會彎曲亂成一團，而且除了亂成一團之外，還停留在原地。「推繩子」就像平時領導者用責備、批評、懲罰一樣，不但達不到預期的效果，甚至會讓部屬產生反彈。另外一個方法就是在繩子的前端往前拉，光憑想像我們就可以知道，用拉的方式讓繩子往前移動，是最輕鬆、也最容易達到效果的方式。

管理大師彼得．杜拉克說過：「你無法叫醒一個正在假睡的人。」也就是領導者用「推繩子」的方式，部屬可以裝模作樣、假裝接受，但是否付諸行動則又另當別論了。多數公司會給業務員責任額，這個所謂的「責任」讓部屬覺得，他們只是在爲公司、老闆、上司工作，雖然業績好傭金也高，但不是感覺在爲自己工作，因爲領導者用的是推繩子的方法，你不推，他就不動，甚至有時候你推，他也懶得動，整個人缺少做業務的衝勁與幹勁，部屬的業績也就可想而知了，每個月都列入被檢討的名單中，而在檢討之後也不見提升改善的效果。如果領導者能夠讓部屬意識到認眞努力工作是爲了自己，而你只要適時的在前面拉他一把，這樣的方法常常可以幫助部屬爆發出驚人的潛力。

領導者希望部屬能夠自動自發、竭盡全力的工作，就要賦予他工作的「動機」，當有辦法發掘對方的動機時，激勵才會產生效果，部屬才會自發性的鞭策自己朝目標前進。「動機」可分爲二大類，一類稱爲「生理性動機」，從人類基本生理的需求而產生的動機，例如爲了塡飽肚子，就必須賺錢來換取食物。多數業務主管只用這個動機去激勵部屬，也就是與他們談錢，但是當人們只是爲了錢、只是爲了塡飽肚子，所產生的動機力量就無法持續太久，勉力積極一陣子後，只要連續遇到幾個挫折，就又被打回原形。

另一類動機，稱爲「社會性動機」，包括二個主要的組成，一是交往動機，希望與他人親近、合作、互惠、建立良好緊密的關係，當團隊充斥著良好的人際關係與歸屬感時，就會讓部屬願意進公司，願意接受同儕之間的鼓勵與激勵。另一是成就動機，想要取得成功、贏得競爭、達成目標、創造自己與眾不同的價值，同時又能影響他人的動機。領導者可以利用公司的旅遊競賽、單位內的比賽等，來滿足業務員的成就動機，但只運用這些激勵方法是不夠的，因為能夠贏得競賽的總是固定那些人，也就是大多數的部屬這輩子都無法接受表揚，如何能被激勵？所以領導者需要運用創意，在團隊中創造「跟業績無關的表揚」，例如我常在開會時，表揚業績平平但認眞打電話的部屬，藉以幫助他們獲得更多被認同感。當他們感受到只要做對的事情就能被認同、被讚賞時，就足以引發他們的成就動機，督促自己在團隊中表現得更好。

(5) 訓練

每家公司對業務員的晉陞資格都有明確的規定，除了業績必須達到特定目標外，也會要求必須培養出直屬幹部或團隊，當個人業績與招募條件都達到最低要求時，職級才得以晉陞。以前我在香港時，公司規定從業務新人晉陞到業務主任，只須達成個人業績標準，並完成業務主任的訓練即可。但要往上晉陞到業務副理，除了上述的條件之外，還要培養超過四位業務主任，再加上達成團隊的業績標準。如果要再往上晉陞到業務經理、資深業務經理，對於主管培育、團隊規模、整體業績的要求就更嚴格了。為什麼高階晉陞的規定，必須培育出特定人數的業務主管？如果領導者沒有能力培育出新的業務主管，便沒有晉陞的資格，代表你的能力只適任現職。所以訓練部屬的能力，是領導者每日重要的工作之一。

訓練業務員的重點只有二個，一是銷售技巧，一是開發客戶的能力，這二項能力就是產生業績的基本功。這些訓練除了要求老鷹必須參與及協助之外，領導者也必須親自爲之，千萬不可假手他人，尤其不可找一些業績浮浮沉沉的人來做訓練，這些人只適合做分享，絕不適合做訓練，銷售技巧永遠不可能發生「三個臭皮匠勝過一個諸葛亮」的事情，如果領導者因爲「懶」，而將幾個庸才湊在一起，只會造成彼此拉扯與退步。所以領導者必須持續做個人業績，然後將成功的祕訣分享給部屬，當部屬的能力變強時，也就是你的事業再創高峰之時。

Tony Wong　香港迪士尼美語同事

最初收到 Jackie 的通知，要我幫忙提筆寫文章時，心情確實不知所措，不知要從何寫起。但當開始落筆的那一瞬間，許多回憶片段一一在腦海中湧現，一切好像昨天才發生過。

時間過得飛快，不覺跟 Jackie 相識已有二十多年。記得最初來到「迪士尼美語世界」

工作時，對銷售只是一知半解，內心想成爲老鷹渴望，卻未能了解如何才能做到，所幸經過不斷的嘗試和訓練學習之後，令我漸漸的一窺堂奧，開始懂得什麼是銷售。

在初來乍到的日子裡，還沒有太深入認識 Jackie，往後相處日久、接觸日多，我們有很多交流，我從他身上學會了許多銷售技巧及人生哲理，對我日後銷售職涯的發展，埋下了一顆堅韌的種子。Jackie 是一位好舵手，他知悉航行的方向，並且信念堅強，說他是我人生中的伯樂，一點不爲過。特別感謝 Jackie 給我的一句話：「不經一番寒徹骨，怎得梅花撲鼻香。」這句話是我面臨重重挑戰與挫折時，最堅定的支持與寄託，同時也令我相信「信念」是銷售工作中，一個非常重要的元素。

最後，再次感謝 Jackie 給我這個機會寫下感想，同時也回顧過去一起學習、磨鍊的日子。

Chapter 3

成與敗都在「人」

成功的關鍵在了解人

成爲一個好的領導者，要能與部屬進行有效的溝通與交流、提振士氣，但這從來就不是一件容易的事，領導者永遠有三個難題，就是：如何有效增員？如何有效激勵與管理？如何有效提高定著率？而這三個難題有一個共同的因素就是「人」。每個人的喜好、需求都不盡相同，領導者用同一種方式溝通或激勵，在 A 身上可以得到很好的效果，但換到 B 身上，可能得到完全相反的效果。

日本經營之神松下幸之助說過：「一個企業之所以能壯大，靠得並不是先進的軟硬體設備，成功的關鍵在於人。」所以學習如何「了解人」，就是經營成功業務團隊的基礎。了解部屬，了解他們的行爲模式，跳脫自己原本的性格框架，用對方喜歡被對待的方式來對待他、激勵他、讚美他，這樣才能成就別人，同時也成就自己。

1. 人格特質

人格特質簡單的定義就是「一個人所特有的行爲模式」。每個人的性格、信念、價值觀等都不同，所以每個人都有其獨特性，因爲這樣的獨特性，導致每個人面對同一情況下，會產生不同的反應。

多數時候，領導者總是高估了自己的理解能力，總是用自我的觀點去看待部屬，當部屬與你意見不同、想法不同時，便覺得他們有問題，所以無形之中，在團隊中製造了許多不必要的紛爭。

我在二十三歲晉陞業務經理，獨自一人離鄉背井到香港，當時香港只有我一位業務經理，我必須獨自負責開發客戶、銷售、增員、訓練、陪同、激勵、管理……，不到半年的時間，我已取得相當大的成功。快速的成功，讓我開始覺得自己「不可一世」，慢慢變成一個「自以爲是」的領導者。

史蒂芬・柯維在《與成功有約》一書裡，提出自以爲是的人有四種反應傾向：

(1) 價值判斷——對旁人的意見只有接受或不接受。

(2) 追根究柢——依自己的價值觀探查他人隱私。
(3) 好爲人師——只依自己的價值觀、經驗提供忠告。
(4) 想當然耳——根據自己的行爲與動機衡量他人的行爲與動機。

當領導者依照自己的價值觀來判斷事情的對或錯，部屬在你面前就不敢暢所欲言，然後再依照你的價值觀對部屬追根究底，就會令人無法開誠布公，你聽到的眞話就越來越少。部屬不願在你面前說眞話、告知眞正遇到的問題，通常會假裝乖乖聽你的建議，但他們心裡只有一個「又來了」的念頭，最後你一廂情願將你所認爲的目標、夢想與動機強迫部屬接受，卻收不到任何效果。自以爲是的領導者忽略了一件事，每次都用單向「強迫推銷」的方式，推銷自己的想法與看法，則部屬對你的認同，僅限於你們談話的當下，當對方轉身離開時，這一切都煙消雲滅。

「先診斷，再開處方」應該是所有專業人士的基本信條，醫生是如此，律師、工程師、會計師……是如此，業務員也是如此，必先了解客戶的需求與想法，才能在銷售上找到著力點。領導者在帶領團隊時又何嘗不是呢？如果不了解部屬，常常所謂的有效溝通，最後可能淪爲雞同鴨講而已。

我「自以爲是」的大頭症，在公司送我去新加坡學習ＤＩＳＣ人格特質，並取得種子講師資格後開始獲得改善。當我理解不同人格特質之間的差異時，才能調整自己並尊重彼此的差異，同時運用對方接受的方式領導、管理與溝通，共同創造雙贏的結果。

ＤＩＳＣ是源自於美國心理學家馬斯頓博士（William Moulton Marston），在一九二八出版的著作《常人的情緒》（*Emotions of Normal People*）中，透過研究一般人在正常情況下的情緒反應，提出「人類行爲特質」的ＤＩＳＣ理論。ＤＩＳＣ最早被美軍運用於篩選軍人，後來被設計成課程，並廣泛運用在各行各業，尤其在銷售、增員、激勵與管理上。馬斯頓博士從研究中發現，人們對所處環境的自我察覺和情緒反應，透過四種主要行爲模式進行表達，分別是：Ｄ—掌控型、Ｉ—感覺型、Ｓ—支援型、Ｃ—謹愼型。這四種性格元素以複雜、多變的方式組合在一起，構成每個人獨特的性格，雖然每個人的行事風格多元，但還是可以透過一些蛛絲馬跡加以辨識，運用對方喜歡的方式進行溝通，進而發揮領導者最大的影響力。

人格特質沒有好與壞。在探討四種行爲模式之前，必須了解這四種特質都是正面的，沒有好與壞之分，各自都擁有獨特的強項和能力，我們必須學會尊重每一種人格特質。再來，無須特意去改變最根本的自我，因爲這樣也會把本有的強項弱化，學習了解自我的特質，並接受與擁抱自我，才能將天生的才能發揮到淋漓盡致。最後，雖然我們依照四種人格特質作個別的探討，但沒有一個人「只擁有一種特質」，每個人都是這四種特質的混合體，在於每個人的生長環境、個性、價值觀等不同，會有某一或二種特質特別突出，我們只須學會辨識部屬較突出的特質，就可以依照對方的人格特質，來進行溝通、激勵或管理。

四種人格特質。DISC是一個探討人性且相當複雜的學科，很難用簡短的篇幅就能交代清楚，當時我在新加坡用了整整一個星期的學習，才取得種子講師的認證。爲了幫助各位能夠快速、簡單辨識部屬的人格特質，同時又能夠採取正確的溝通方式，我將簡化繁雜的內容，運用表格的形式來作分類，並加入我成功運用在團隊上的經驗，清晰而完整的加以呈現。我們可以先從下列的表格去了解四種不同人格特質的人，他們在對待人、事、物時，會各自展現哪些不同的行爲表現：

掌控型 Dominance	感覺型 Influence
*腳步快、口語表達多 *總是以「目標為導向」 *喜歡「對他人發號施令」 *讓人感受到「強勢、直接、果斷、自尊心高、愛面子」 *希望「改變」 *面對壓力會「沒耐心」 *恐懼「事情失去掌控」 *希望別人「直接回答、拿出成果」	*腳步快、口語表達多 *總是以「人際關係為導向」 *喜歡「與人交際、與人互動」 *讓人感受到「話多、影響力強、樂觀、情緒化、易感情用事」 *希望「獲得認同」 *面對壓力會「草率、情緒化」 *恐懼「失去別人認同」 *希望別人「給予認同、信守承諾」

謹慎型 Compliance	支援型 Supportive
*腳步慢、發言保守 *總是以「目標為導向」 *喜歡「有系統、做幕後策劃」 *讓人感受到「重程序與細節、有責任、高標準、完美主義」 *希望「精確、簡明、有邏輯」 *面對壓力會「憂慮或逃避」 *恐懼「與人打交道、被批評」 *希望別人「提供完整資料及詳細說明」	*腳步慢、發言保守 *總是以「人際關係為導向」 *喜歡「可預測的模式、做個支援者」 *讓人感受到「話不多、善解人意、具同情心、誠懇、穩健」 *希望「安全、不改變的環境」 *面對壓力會「猶豫不決、妥協」 *恐懼「失去保障」 *希望別人「提出保證且不要改變」

我們可以很快速的發現，D與I的人，共同的特質是「腳步快、口語表達多」；而S與C的人，則是「腳步慢、發言保守」。D與C的人是以「目標爲導向」；而I與S的人則是以「人際關係爲導向」。從這幾個簡單的線索中，可以將部屬作簡單的分類，與D和I的人溝通應該快速、簡短扼要，與S和C的人應該慢慢說、並給予考

處空間；D和C的人只需談目標，而I和S的人就需要多注入良性的人際關係互動。

所以，在一開始接觸時，我們可以先以「速度快、慢、目標導向、人際關係導向」這四個線索去作大概的區分，接著將注意力移到對方是如何用字遣詞？說話的語氣如何？有什麼肢體語言？這樣就能更精準的去判別對方的人格特質。

類型	步調	個性	語氣、語調、用詞	肢體動作
D 掌控型	快	外向	講話自信、坦白、不加修飾 口吻肯定、直接切入重點 握手大方有力	眼神銳利、穩定 沒什麼笑容、展現出像專家的樣子
I 感覺型	快	外向	講話誇張 臉部表情豐富　除了握手、有更多的肢體接觸	眼睛炯炯有神、到處看 總是帶著笑容、肢體動作很多
S 支援型	慢	內向	說話語調友善、音量小 在不熟人面前話不多	很好的傾聽者　握手沒力、害羞 很少有眼神的接觸 冷靜、禮貌、溫柔的微笑

C 謹慎型	慢	內向	話不多、總是一張撲克臉 無法從言語去猜測他們同不同意 會等別人講完話才開口	不太喜歡肢體接觸 避免眼神的接觸 談話中很少點頭或微笑

不同人格特質擁有不同的行事風格。從上表的資訊中可以很清楚的發現，擁有不同的人格特質，其接受訊息的方式、與外界溝通的方式就不一樣。接下來，我將提供更多DISC個別的行事風格，幫助領導者能更精準的辨識自己，以及了解部屬的人格特質。

(1)掌控型（簡稱D）的行事風格：

D型的人重視速度與結果，凡事喜歡直接行動，並專注在目標的達成，同時他們也喜歡對人發號施令。他們總是積極主動、不怕壓力、熱愛挑戰、相信事在人為、喜歡求新求變、喜歡改變現狀，讓人覺得充滿企圖心，也很容易成為領導者。但是D型的人缺乏同情心、容易發怒、好惡分明、自我主觀強與愛面子，所以不容易接受別人的意見。

(2)感覺型（簡稱Ｉ）的行事風格：

Ｉ型的人重視速度與人際關係，是標準的樂觀主義者，個性主動、喜歡與人群互動、愛好自由、總是及時行樂。因爲他們樂觀且熱愛與人分享，同時很會激勵、影響他人，講話時臉部表情豐富，肢體動作很多，所以他們擁有天生的說服力。Ｉ型的人很適合從事業務，他們不喜歡受拘束，而且活在夢想中，認爲所有的事情都能達成。但是Ｉ型的人時間管理差，想法多卻不一定執行，而且討厭高度重複性的工作，所以做事常常少一根筋。

(3)支援型（簡稱Ｓ）的行事風格：

Ｓ型的人重視安全、有保障與人際關係，他們做人友善、具有同情心，是非常有耐心的傾聽者，行事風格恰巧與Ｄ型的人完全相反。Ｓ型的人做事步調慢，對事業沒有野心，希望能按部就班的照計畫行事，不喜歡有太大的變動，而且他們總是爲對方著想，是團隊中不可缺少的忠實執行者。Ｓ型的人很適合從事客戶服務的工作，因爲他們重視和諧、待人友善、具有同情心。但是他們缺少主見、做事被動，面對改變需要較長時間的思考，因此行動總是顯得緩慢。

(4)謹慎型（簡稱C）的行事風格：

C型的人重視邏輯、流程、精確度與結果，他們非常理性，情緒不容易有波動，行事風格恰巧與I型的人完全相反。C型的人對自我的要求很高，同時對別人的要求也很高，相當注重細節，有完美主義的傾向。因為他們做事嚴謹、有系統、細心且有效率，所以很適合從事例如會計的工作。但是C型的人不善於與他人相處，總是喜歡單獨作業，而且只要是他們認為對的事情，就難以改變想法與決定，所以在與他人合作時常常顯得窒礙。

尊重彼此的差異。良好的團隊溝通與合作，從尊重彼此的差異開始。從上述的分類中可以發現，人與人之間是如此的不同，這些道理，在我剛當上業務主管時完全不懂，也因此吃了很多虧。但當我學習了DISC之後才赫然發現，我成功的銷售方法，只適合傳授給相同人格特質的部屬，與我人格特質相反的部屬，則需要其他人的幫助。所以一個銷售團隊無法有效激勵、合作的最大原因是：團隊成員之間不了解彼此的差異。當領導者無法了解彼此行爲上的差異時，就會用「爲什麼你不用我的方式」、「你不就乖乖聽話照做就好」、「我都可以，爲什麼你不行」等言語行爲來傷害部屬。

這四種人格特質，有部分的特質是一樣的，例如D型的人與I型的人都要求速度、口語表達快，所以當這二種特質的人彼此溝通時，就覺得很愉快，容易產生共鳴。但是當重視程序與細節的C型遇上易感情用事的I型時，二個人就很難心平氣和的合作。

所以，良好的團隊合作，始於尊重彼此的差異。許多令人感到挫折的職場困境，都是領導者習慣用自己的立場，去指責部屬的一言一行，一旦對方的言行不符合預期，便無法接受這些差異，於是產生負面情緒，並作出試圖改變對方的行爲。但是部屬會因爲領導者的責備而改變嗎？非但不會，反而會產生反效果，更可能產生對立，甚至造成部屬選擇離職。

尊重彼此的差異，試著了解對方的特質，不要總是以自己的立場去責怪部屬，並學會包容彼此的差異，在包容中讓團隊的人際關係更加圓滿，更有利創造部屬的歸屬感，這就是一位優秀領導者該做的事情。

2. 知人善任

漢高祖劉邦建立漢朝後宴請群臣，在宴會中問眾臣一個問題：「項羽比我強，爲什麼我劉邦能奪天下，而項羽卻不能？」眾人議論紛紛說了一些原因，但劉邦聽完後不甚滿意的說：「你們只知其一，不知其二。說到運籌帷幄，能夠決勝於千里之外，我不如張良；坐鎮於後方，定國安民，供給軍餉，輸送到前線，我不如蕭何；統率百萬大軍，戰必勝，攻必取，我不如韓信。這三位都是傑出的人才，我都能重用他們，這才是我取得天下的根本原因。項羽只有一位謀臣范增，但卻遭受猜忌，不被重用，這就是他被我打敗的原因。」

劉邦的成功之處在於用人如使器，並且懂得取其所長、避其所短。張良是韓國的貴族，擅長權謀之計，所以讓張良擔任參謀的職位。蕭何是當時的沛縣縣吏，基層工作的經驗豐富，擁有行政與組織的才能，所以讓蕭何負責糧草、後勤調度。韓信深諳兵法及戰事，能以寡擊眾、出奇制勝，所以讓韓信負責統兵作戰。劉邦認爲他能夠取得天下，最大的原因是「知人善任」，而知人善任這一點，對很多領導者來說，要實踐確實不容易。我們從歷史中得知，劉邦的文武百官來自社會各個不同階層，樊噲是屠夫、夏侯嬰是馬車夫、曹參是沛縣的小吏、周勃是幫人辦喪事的吹鼓手……，雖然劉邦的手下來自社會各個不同階層，但因劉邦知人善任，能將這些人的才能發揮到淋漓盡致，讓這些人心甘情願的跟隨劉邦南征北討，從而建立西漢王朝。

劉邦建立西漢王朝的故事，一直都被人們廣爲流傳，因爲劉邦是一位很懂得領導藝術的典範，他不僅「知人善任」，而且還「用人不疑」，百分之百的信任對方，能夠有效的激發部屬的積極性與忠誠度，使當時天下的人才都集結到自己身邊，組成了一個優化的夢幻團隊，最後奪天下也是必然的事情。

在古代沒有所謂人格特質的理論，所以我們斷定劉邦擁有識人、用人的天賦，但並非每一位領導者，在晉陞瞬間就突然懂得如何識人、如何帶人、如何贏得人心。所以領導者必須透過持續的學習與進步來增強對部屬的了解，同時才能增加對部屬的影響力，如果不透過學習與進步，你在部屬心中只會有「經理」的頭銜，而無法產生任何影響力。

用對方聽得懂的語言。有一次，臺中某大公司的業務部長，邀請我在整個區部做業務的教育訓練，我們約在部長的辦公室詳談細節。當天，我依照約定的時間提早半小時到，就坐在部長辦公室外面等，在我等待的半個小時中，不斷聽到辦公室裡傳來部長對部屬咆哮的責備聲：爲什麼你就是聽不懂我在說什麼？爲什麼我交代那麼多次你就是做不好？有那麼難理解嗎？

我在門口聽了幾分鐘，很輕易的發現這位部長擁有掌控型的人格特質，就像之前提到的，掌控型的人要求速度，要求結果，喜歡對人發號施令，遇到壓力時會沒耐心，缺乏同情心，希望部屬直接果斷的回答。我也觀察到這位部屬是屬於支援型的人格特質，剛好與掌控型的人格特質完全相反，也就是支援型的人速度慢，具有同情心，總是希望能按部就班做事，遇到壓力時會猶豫不決，無法快速作決定，而且面對改變需要長時間的思考，希望長官不要變來變去。在沒有任何學習且不作任何改變的情況之下，我們習慣按照自己的行事風格來做事，如果二個相反人格特質的人碰在一起，就會產生這位部長與部屬的情況，主管覺得部屬遲鈍、難帶，再怎麼惡言相向與恐嚇都沒用。部屬會覺得長官很奇怪，明明昨天說好的方法，今天早上就改變，總是朝令夕改讓人無法適從，而且還要求馬上有結果。

那天與部長談話的最後，我針對他剛才與部屬間的互動雞婆的提出建議：「如果部長能夠了解身邊部屬的人格特質，用他們聽得懂的方式來溝通，這樣不但能夠提高效率，還能讓部屬願意爲你更賣命。」你猜部長怎麼說？他說：「我就是長官，下面的人就應該調整自己來配合我！」這讓我回想到，我也犯過這種自以爲是的錯誤，因爲部屬如果懂得如何調整自己，可能他就變你的長官了。

許多令人感到挫折的職場困境，都是來自於將自己與他人放在錯的位置，領導者總是希望用自己的方式令他人接受，但每個人都有各自的行爲模式，行爲模式就是表達自我以及解讀世界的方式。如果不用對方聽得懂或能接受的方式來溝通，最後只會兩敗俱傷而已，但這絕不是我們想要的結果。領導者如果想激勵每一位部屬達成績效，甚至超越目標，就更該學會用部屬「聽得懂」的語言溝通，才有辦法激勵部屬達成所要的結果與績效。所以在下表我列出各種不同人格特質的部屬，領導者如何運用「他們聽得懂」的方式來交辦事項，以及如何幫助他們在職場上發揮自己的優勢。

如何運用部屬聽得懂的方式來交代事項	
面對掌控型的部屬時	＊交辦事情必須直接、簡短、說重點 ＊幫助他建立銷售流程，並簡化成幾個簡單步驟 ＊鼓勵並放手讓他去做，只須在遇到問題時回報即可 ＊當D型的人犯錯，須根據事實，可以直接指出錯誤 ＊幫助他在做任何決策之前，更細心、更仔細計畫 ＊提醒他在達成目標的同時，須多注意身邊人的感受 ＊他喜歡上臺接受表揚，在眾人面前肯定他的成就
面對感覺型的部屬時	＊他是個靠感覺做事的人，任何事情還沒計畫好就會開始行動，主管必須適時提醒，注意進度 ＊喜歡以團隊的方式工作，可以讓他領導一個小組 ＊做事容易半途而廢，要鼓勵他有始有終 ＊I型的人在陌生環境裡可以很快如魚得水，可鼓勵他拓展、開發人脈，並影響同事跟進他的腳步 ＊他喜歡上臺接受表揚，在眾人面前肯定他的成就

面對支援型的部屬時	面對謹慎型的部屬時
＊讓他感受到主管與他站在同一陣線，給予支持 ＊需要主管耐心的教導，不可簡化任何一個步驟 ＊讓他獨立作業之前，須先建立他的信心，方可放手 ＊S型的人不喜歡公開表達意見，須私下問他的感受 ＊幫助他從小地方開始改變，千萬別一次要求太多 ＊S型的人很重視家庭，表現出你也同時關心他的家人 ＊對於任何政策都必須有明確的步驟，才會開始行動	＊交辦事情須將整個來龍去脈交待清楚，他們不喜歡在不清楚細節的狀況下貿然行動 ＊他們不喜歡事情決定後又變來變去 ＊C型的人收集資料能力強，做事又重邏輯，可鼓勵他發揮分析、推理的能力，幫助客戶作購買決策 ＊建議他們事情可以邊做邊找問題，不要想好才行動 ＊鼓勵他們多參加團隊活動，多與同事互動、分享 ＊對於任何政策都必須有明確的步驟，才會開始行動

因人而異的讚美、關心與激勵。業務員的業績與他的情緒成正比，通常情緒高昂時業績就會一飛衝天，但情緒低落時業績也跟著一落千丈，所以領導者每日必做五件事之一，就是走出你的辦公室，想盡辦法激勵某些情緒處在懸崖邊的部屬，幫助他們提升士氣、幫助他們能夠撐過成交前的每一天。

我在上一章建議用「走動管理」的方式來與部屬建立感情帳戶，當領導者運用部屬可以接受的方式來激勵、關心他們時，才能激發出內心巨大的潛能。就像在銷售一樣，我總會爲每一個客戶可能提出的反對問題，準備幾個不同的話術，因爲同樣的問題由不同的客戶提出，處理的方式與話術就不同，所以領導者也應該爲不同人格特質的部屬，準備他們能夠接受的激勵與關心。

當面對D型的部屬時，可以跟他談目標，並肯定他的能力，讓對方知道你會全力支持他達成。與I型部屬互動時，可以邀請對方一邊喝咖啡一邊談，雖然對方很多想法天馬行空，但還是展現出你的耐心來傾聽，同時可以在公開場合多讚美D與I型的人，他們都喜歡被公開讚美。如果面對S型部屬時，可以拉張椅子坐在他的身邊，表現出你的眞誠與友善，表示你會給他時間，並相信他定能做到。當與C型部屬互動時，表明你很讚賞他有邏輯、有條理的性格，與他多談目標，並且明確告訴他，你能爲他做什麼、做到什麼地步，面對S與C型的人時須要放慢步調，因爲他們都不喜歡輕率行事、朝令夕改。當領導者有辦法針對不同人格特質的部屬，給予所需要的讚美、關心與激勵，所有的用心才能得到正面積極的回饋，每一份付出都能激起漣漪，再凝聚成壯闊的波瀾。

如何正確讚美與激勵不同人格特質的部屬	
面對掌控型的部屬時	＊與他談目標，鼓勵他設立具挑戰性目標 ＊從事實切入，只談他所關心的事或工作 ＊具體針對他的魄力、效率及績效，表示肯定 ＊公開讚美他的成就與努力，給足面子 ＊常對他說：我相信你的能力 ＊常對他說：你總是擁有目標，並勇往直前 ＊常對他說：你總是能找到問題，面對問題

面對感覺型的部屬時	面對支援型的部屬時
*拍拍他的背，關心他的近況，最好與工作無關 *拉張椅子坐在他旁邊，與他互動 *約他吃頓飯、喝咖啡，聊聊現況 *肯定他總是有新的創意與點子 *公開讚美他總是樂於助人及帶來歡樂 *常對他說：感謝你總是熱情參與團隊每一件事 *常對他說：這個團隊不能少了你 *常對他說：感謝你總是可以激勵其他同事	*拍拍他的背，關心他的近況，最好與工作無關 *拉張椅子坐在他旁邊，傾聽他的聲音 *讓他感受到被關心、受重視 *肯定他總是默默付出，是團隊最好的夥伴 *讚美他一直是值得信賴的夥伴 *常對他說：我發現你做事總是很有耐心與毅力 *常對他說：感謝你總是能夠展現良好的合作 *常對他說：我覺得你是團隊裡最好的工作夥伴

面對謹慎型的部屬時

* ＊與他談目標，鼓勵他訂定完成的時間表
* ＊從事實切入，只談他所關心的事或工作
* ＊具體針對他的仔細、有流程、有邏輯表示肯定
* ＊與他單獨會談，注意細節，給足面子
* ＊常對他說：你總是能專心將事情做好
* ＊常對他說：你對事情總是追求卓越與完美
* ＊常對他說：你總是能找到問題並提供好的想法

如何做好團隊的角色分工。劉邦的成功之處在於用人取其所長、避其所短，所以能使人如使器，帶領一群市井之徒逐鹿中原、建功立業。當領導者忽略了部屬的個體差異性，將錯誤的人放在錯誤的位置時，即使是一群優秀的人才聚在一起，也不會成爲優秀的團隊。

成爲優秀領導者的基本功之一，就是「對人的了解」，組織是由一群人組合而成，挑到對的人、用到對的人，將他們放在對的位置，是組織經營與運作的關鍵。如果有了對的人，卻因爲對人不了解而用人失察，對組織而言是人才的浪費，所造成的傷害可能

導致團隊一蹶不振。然而選才並不是靠機運，而是可以透過方法與工具提高命中率，藉由人格特質的分析，針對所要推行的活動、政策，找出適當的人選來配合。

例如D型的人喜歡挑戰、不怕困難、喜歡開疆闢土，每個月在訂定業績目標的時候，領導者可以請D型的部屬開始設定目標，他們不畏懼困難以及快速作決定的行爲，將成爲其他人的表率。而I型的人很適合主持會議或是舉辦活動，有他們的地方就有歡樂，他們外向、話多、喜歡與人互動的特質，將使每天的例行會議充滿了熱情。D型與I型作決定雖然迅速，但卻常常考慮欠周詳，而且沒有耐心，這時候就需要S型的人來支援，因爲他們待人和睦，喜歡將事情攬在身上，是很好的執行者。相對於其他的類型，C型的人做事嚴謹，領導者可以在執行任務前先與C型的人討論，因爲他們對於細節相當要求，同時考慮較完備，可以幫助領導者找出在執行任務中可能出現的問題，事先作好防備。

如何依照不同的人格特質來指派工作	
D 掌控型	*衝鋒陷陣、身先士卒的表率 D型的人喜歡挑戰、不怕困難，喜歡開疆闢土，而且能快速的下決策。可以賦予D型的人較高的責任與目標，或者較困難的任務，尤其當團隊要推動「高目標」時，可以告知D型的人：這些困難的目標需要有人先跳出來承擔，而且必須要像你一樣，是個有能力並可以作為團隊的領頭羊。作為「高目標」的領頭羊，非D型的人莫屬。
I 感覺型	*辦活動、帶動氣氛的高手 有I型人的地方，總是充滿了歡樂與希望，雖然他們常做一些不切實際的事情，但很善於帶動團隊的氣氛，如果有新政策、新規定要頒布前，可以先找I型的人溝通，與他們取得共識後，請他們在頒布新政策時，參與鼓動，可以讓新政策更容易推動。 讓I型的人擔任會議主持人、活動主辦等需要與人接觸的工作，但須時時關注他們的工作進度。

S 支援型	C 謹慎型
*團隊的後援、默默的支持者 S型的人講求和諧，會盡量避免衝突，容易與人和睦相處，而且喜歡將事情攬在身上，是一個很好的執行者。但S型的人也喜歡穩定，對任何變動會先產生抗拒，別期望他們願意接受高目標的挑戰，只須讓他們知道，只要安穩的做好自己的責任即可。 S型的人是很好的配合者，遇有政策變動時，要先說服他們其實變動不大，只要好好配合就好。	*善分析訂計畫、最佳幕僚 C型的人是訂定計畫及檢測問題的高手，總能收集到很多相關的資訊，然後提出很多質疑。因為他們做事嚴謹，對於細節要求高，所以能夠對整件事作出完整且仔細的分析，但因他們有完美主義的傾向，會等資訊完整時才願意行動，在說服他們之前要先將資訊準備好，或請他們協助找出更多的資訊。 要訂任何決策之前，可以先找C型的人諮詢，問問他們有什麼看法，因為他們是很好的幕僚。

讓領導更順遂的祕密

領導者追求個人的成長與發展，首要條件就是先「認清自己」，因爲一切智慧的開端始於了解自我。被譽爲人類精神導師的神祕詩人魯米，有一句詩詞是這麼說：「昨天的我很聰明，所以我想改變世界；今天的我充滿智慧，所以我正改變自己。」法國詩人雨果也說過：「一個人不能了解自己，就更別想了解他人。」所以領導者想要發揮有效的影響力，第一步就是先了解自己，然後改變自己。

在本章的開始，我建議你可以先上www.crmpair.com「人脈經營王」網站免費註冊。這是一個結合人格特質、心理學、姓名學以及我在銷售與管理二十五年經驗的大數據統計系統，只需要你的姓名，就可以透過大數據的分析，經過驗證，可以精準計算出每個人六至七成的個性及人格特質。

免費註冊後，請選擇「增員比對建議」功能，然後輸入您自己的中文姓名，按下確認比對後，可以在您的個性下面找到你所屬的人格特質。所以，我建議你現在可以先闔上書本，運用任何可以上網的工具，進入「人脈經營王」網站，先了解你屬於哪種人格特質之後，接著再來進行下面的章節。

www.crmpair.com 人脈經營王

1. 降低你的個性強度

當時我們公司每年有三次旅遊競賽，依照不同的職務抬頭分組比賽，例如臺灣與香港區所有的資深業務經理分爲一組、業務經理一組、業務副理一組。我在升上業務經理及資深業務經理之後，每一次旅遊競賽，很幸運的都贏得第一名。香港市場的開拓成功，以及長時間的第一名，讓我內心產生「除了我還能有誰」的超級自信，最後演變成過度強烈的自我意識。強烈的自我意識就像是叛逆期的青少年，總認爲自己是對的，總認爲自己是最優秀的，並且難以溝通。

回想當時我的行爲，毫無疑問的，絕對是患了自以爲是的大頭症，而領導者身上最不可取的特質就是「過度強烈的自我意識」。雖然我身爲團隊的領導者，業績好到嚇嚇叫，但仍不得不承認，即便我們再厲害，依舊不可能對任何事情皆瞭若指掌。如果你與我當時一樣患有「過度強烈的自我意識」時，就會帶著傲慢與自大的態度，誤以爲自己無所不知，誤以爲這就是自信。

美國史丹佛大學校長約翰．漢尼斯（John L. Hennessy）在《這一生，你想留下什麼？史丹佛的十堂領導課》一書中提出：眞正的自信來自於了解自己的技能和個性，也就是源於謙卑，而非自我。傲慢讓我們只看到自己的優勢，看不到缺點，忽視他人的長處，因而容易鑄成大錯。唯有謙卑，我們才看得到自己的弱點，知道如何補強，也才願意找出自己過度強勢的性格，知道如何改善。因此保持謙卑之心能賦予我們信心。

謙卑來自於哪裡？作者在書中提出二個觀點，可以讓我們生出謙卑之心。這二個觀點是「能力比我們強的人太多了」以及「成功大抵來自於運氣」。我在二十三歲升上業務經理，代表公司前往香港開拓市場並取得優異的成績，每年三次的旅遊競賽均取得第一名……，這些成功，讓年輕的我一點都不謙卑，我認爲一切的成功都因我的能力強。但是，僅僅在我們公司裡，銷售能力比我強的人太多了，就拿我的部屬來說，雖然他們的銷售技巧都是由我傳承，但某些人每個月所成交的個人訂單總是能超越我，單從我當時的幾十位部屬之中，挑出銷售能力比我強的就已經很多了，何況其他數以萬計公司裡的業務員。再來，我雖然一直很認眞、也很努力，如果不是運氣好，我不可能在未曾去過香港之前，就學會講一口流利的廣東話，也不會在溫哥華就已經認識 Mike 與

Tommy，而且他們在那個特定的時間點，剛好都已回流香港，也願意隨同我加入一間還看不到未來的新公司，在沒有底薪的狀態下一起打拚。平心而論，當時如果沒有Mike與Tommy的鼎力相助，還有第一批加入團隊的Tony、Jimmy、Chris等等，我不可能在香港這人生地不熟的地方，快速就取得成功。所以，唯有帶著謙卑的心，才能幫助我們願意檢討自己，有機會補強弱點與降低過強的性格，才能澈澈底底的改變自己。

過度放縱自我人格特質的表現。每一個人都會潛在的同時擁有DISC這四種人格特質，只是占比不同，總會有一到二個特質表現得特別突出、特別明顯，這代表每一個人總是運用這一到二個人格特質在與人相處或組織運作上，如此而已。我們不是要運用DISC來判斷或批判哪一型較好，哪一型較不好，而是要學會尊重不同類型的差異，以及善用其差異。接著我們來看看，當我們過度放縱自我人格特質時，會讓部屬產生什麼樣的感受！

掌控型領導者過度放縱自我的表現：

掌控型的領導者一心只想達成任務，常常會將人際關係拋到腦後，當面臨壓力時言詞會變得嚴苛、尖銳、過於直接，並且不顧他人感受。有些掌控欲特別強的領導者會變成控制狂，通常相當固執自大，心胸會變得狹隘，任何阻擋他們邁向目標、完成任務的人，都會被直接輾壓過去。

感覺型領導者過度放縱自我的表現：

感覺型的領導者總是帶著過度樂觀的個性，常會演變成不切實際的空想。過度樂觀的個性會讓他們常常忽略現實狀況，讓他們滿腔的熱血變成空談，因爲他們多不在乎事情的細節，也不關心是否過於理想化，所以總是運用誇張的說詞以及過度渲染的口才，來說服部屬加入他們的夢想行列，但常因無法有效的時間管理，以及沒有具體的目標截止日期而導致手忙腳亂，最後不了了之。

支援型領導者過度放縱自我的表現：

支援型的領導者因爲過度被動與依賴的個性，常自我感覺良好或規避不安全感而拒絕改變。他們喜歡和諧的團隊氛圍，當面對職場上的難題或遇到不合理的事情時，常常拖延處理或不敢開口據理力爭，所以容易產生被害者的心態。支援型的領導者不敢要求、不敢發號施令，總是散發出不安與沒自信的感覺，令部屬無所適從。

謹慎型領導者過度放縱自我的表現：

謹慎型的領導者因爲過度追求程序、細節、品質，這樣的領導者無疑是一個完美主義者。他們總是對人嚴苛、挑剔，忽略部屬的感受，在團隊裡常常沒有一件事是看得順眼的。他們過度追求完美的個性，遇事情需要長時間的思考，而且裹足不前，所以會變得太過保守、太過僵化而缺乏彈性，也不太願意接受新的想法與作法。

需要收斂的人格特質。從上面的舉例可以發現，爲什麼領導者需要調整自己的風格、降低自己特別突出的個性？因爲過度放縱自我的個性，就是在人際上築起一道高牆，將自己閉鎖在自己的風格世界裡，無法理解及接納他人的觀點。雖說毋須特意去改變自我，但當發現有過度放縱自我性格時，就得收斂，因爲過度放縱自我，容易造成部屬的壓力、緊張。領導者學習將最明顯的個性加以收斂，就是改變自我、創造最佳團隊的關鍵步驟。我們可以從下列幾項行爲開始改善自己。

掌控型領導者要收斂的特質：

(1)說話太直接：說話直接雖然讓人感覺不囉唆，但由於大腦與嘴巴之間距離很短，有什麼感受就講什麼話，有時候容易言語傷人。可以試著用提問、傾聽的方式，來緩和講話太直接的口氣。

(2)做事步調太快：是樂於接受挑戰的開創者，所以做事就是急，但常思考不夠縝密而導致作出錯誤決策。要學著放慢腳步，消化想法，試著訂定周詳的計畫。

(3)沒有耐心：對低效率及優柔寡斷感到厭煩、沒耐心，凡事想要直接看到結果，且難以容忍他人犯錯。要學著多點耐心，想一想自己的沒耐心很容易傷害到部屬。

(4)過度驕傲自大：喜歡追逐權力，願意爲了獲取高報酬而冒險，因爲常成功而累積大量的自信，雖然有自信是一件好事，但過度的自信就變成驕傲。要多發現及認同部屬的能力、優點，適時改變既有的想法。

感覺型領導者要收斂的特質：

(1)總是過度樂觀：除了健談之外，另一個突出的特質就是樂觀，選擇性的看到每個人和每件事美好的一面，常會導致不切實際的期望。應該學著客觀看待事物的本質，而不只是看到自己心中認爲的美好幻影。

(2)做事隨心所欲：喜歡工作氣氛愉快，喜歡活在當下，通常沒有計畫或是仔細思考就馬上行動，常朝令夕改。應該學習列出一些重要的選項，仔細思考、計畫之後再執行。

(3)太多的夢想：總有天馬行空的想法，喜歡變化和刺激，喜歡新鮮感，總是一心多用，導致同時要處理很多事情，像是同時講電話又要與部屬談話。要學著處裡好一件事之後，再開始進行下一件事。

(4)做事雜亂無章：喜好自由、不受拘束，不喜歡官僚的程序，因爲自由讓創意可以無限發揮，然而隨心所欲、不受拘束就意味著遠離規範，導致破壞規則體制。得體認到遵守遊戲規則的重要性。

支援型領導者要收斂的特質：

(1)害怕改變：追求維持現狀，喜歡穩定可預測的環境，這會讓他們變得沒有創新能力，而且拒絕改變。需要嘗試突破常規、嘗試新事物。

(2)總是和諧至上：不喜歡有壓力，也不喜歡給人壓力，所以在無衝突、無抱怨的環境中，工作特別自在，遇到意見不一致的時候會選擇避開，常表現出不敢領導、不敢求助、不敢拒絕、不敢要求。意見不一致可能會有爭執，但多數時候會帶來創新，所以要學著對人敞開心胸交談，表達出自己的疑慮。

(3)太過保守：墨守成規，喜歡做事有計畫，有計畫會產生安全感，而且總是選擇最安全的道路，長期做一成不變的工作。就算害怕、保守、不喜歡改變，也應該要學習嘗試新事物，嘗試接受創新的想法。

(4)寧可少一事：做事偏好維持現狀、順其自然，才不會節外生枝，有時雖然有強烈的意見及想法，卻畏於表達，這會讓人感覺做事不夠肯定。要學著開口，爲自己的信念發聲。

謹慎型領導者要收斂的特質：

(1)完美主義：要求品質與追求完美的個性，讓工作的品質極高，但卻耗時費力，有時反而會本末倒置，計畫完美但執行度低。試著學習將標準降低，從「完美」降至「很好」或「可接受」。

(2)嚴格批評：標準高、害怕犯錯、善於修正他人的論點，這些特質運用在人際關係上，意味著嚴格批評他人、寬容心不足。體認解決問題不是只有一種方法，多欣賞他人的長處、多關注他人的感受。

(3)理性至上：想要每件事都在自己的掌握之中，處理事情專注在「事」，忽略了其他像是情緒、感覺等「人」的因素。成就事情不單只靠理性分析，要體認很多人做事情是因爲「感覺對了」。

(4)邏輯至上：下任何決定之前，需要充足的證據，並且謹愼思考後才敢行動，但多數時候，這樣的決策過程會拖慢速度，導致喪失很多機會。要學著相信自己和部屬的直覺，就算資料不夠充足，也要大膽行動。

改變讓你獲得領導力。擁有自信是邁向成功的必要條件，但是過度的自信會演變成自以爲是，自以爲是的人總以爲自己最客觀，別人的想法都太狹隘，這才是眞正的畫地自限。反之，一位虛懷若谷的領導者會承認自己有不足之處，並且樂於改變自己，調整太過於強勢或過於堅持的個性。一位優秀的領導者絕不會用「沒辦法！我就是這樣」作爲不願改變與進步的藉口，況且降低自己的個性強度、修正自我，才能發揮自己眞正的潛能，並獲得更多部屬的認同與追隨。

身爲領導者可以仔細思索，假設你今天跳槽，會有多少部屬願意辭職跟隨你而去？如果你今天已經離職了，會有多少部屬還會跟你聯絡？還會找你出來喝咖啡、吃飯？看到你還會尊敬的稱呼你一聲「老闆」？如果你將現在公司賦予你的職位誤以爲是成功，就大錯特錯了！別以爲這些部屬都得依靠你，事實上是你得依靠這些部屬才能生存，而且「職位」隨時都有可能消失，但贏得部屬的尊重才能永續。所以，「任何人都可以成爲優秀的業務經理」這句話不全然是對的，如果沒有持續進步、持續改變，Sorry! 牛牽到北京還是牛，即使擁有經理的頭銜，依然不可能成爲優秀的領導者。

領導者的成功來自於成就部屬，也就是幫助部屬成功，領導的精髓在「服務」轄下所有的部屬。過度堅持自己的人格特質，恣意展現官威是毫無必要的舉動，因爲大家都在同一艘船上，只是先來與後到的差別而已。

如果領導者能先承認自己不是什麼都懂，改進自己的缺點、強化自己的長處，並且了解每一位部屬的特長與人格特質，眞心的幫助他們、虛心的請他們支持，才能贏得更多追隨者，打造實力堅強的團隊。

2. 權力是部屬給的

何謂領導力？定義有千百種，不易形成共識，但其中有一個特質是所有人一致認同的，就是「影響力」。影響力指的是領導者在領導過程中，有效改變部屬心理及行爲的能力。因爲領導者工作的本質，就立基在人與人之間的互動關係，如果領導者不能有效改變部屬的心理或行爲，就難以實現領導的功能，也無法帶領團隊達成目標。構成領導者具有影響力有兩個方法，一是行使職位所賦予的「權力性影響力」，另一則是創造「非權力性影響力」。

我們先來談談「權力」，假設你有一筆錢，你有權力花掉它；你有一部車，你可以決定賣掉它。當對所擁有的財物行使權力時，財物本身不會質疑、無法拒絕，但是面對部屬呢？領導者給部屬一道命令，對方可能接受，也可能拒絕。在管理領域被譽爲「現代行爲科學之父」與「現代管理理論之父」的切斯特・巴納德（Chester Barnard），在《組織與管理》一書中提出了「權威接受論」，假設業務經理對部屬發出了一道指令，如果被接受，這個權力就成立；如果這道指令不被部屬所接受，就代表業務經理這個權力是被拒絕的。所以，「權威接受論」明確指出：領導者發出的指令是否具有權力，決定於命令的接受者，而不在於命令的發布者。領導者認清這一點非常重要，因爲權力不是職位給的，而是部屬給的，公司賦予你的職位，只是給你一個開始獲得權力的過程——讓部屬自願被管理、聽從指揮的過程。因此，權力在本質上就是一種影響力，一種讓部屬自願接受領導者的影響的能力。

回到我們所談的二種影響力。我的一位學員任職某大壽險公司主任，本身除了個人業績了得之外，增員方面也表現得相當出色，在我輔導他的二年之內，他的團隊人數增加超過一倍。我們在某一次的輔導談話中，他表示現在所屬的單位裡，工作氣氛變得很差，因爲經理基於業績的壓力，在會議中常常對部屬惡言相向、從頭罵到尾。經理希望透過給部屬壓力的方式，「命令」業務員能產出業績，這就是「權力性影響力」。領導者的職位讓他擁有「我是你們的經理，你們得聽我的」的法定權，但在業務單位，這是一個較簡單，卻發揮不了太大作用的方式，因爲業績不是用命令就會產出，而是需要方法。領導者如果只運用手中握有的實權，也就是只運用獎勵或懲罰，對部屬的心理和行爲的激勵效果相當有限，因爲這樣的影響力通常帶有強迫性。所以，權力性影響力就是透過外在手段壓制部屬服從，領導者從部屬身上獲取的權力，來自於——強迫。

如何成爲受人尊敬的領導者？「非權力性影響力」就與「權力性影響力」完全相反，眞正的領導者從部屬身上獲取的權力，來自於「受人敬重」，而非「使人畏懼」。

受人敬重是由領導者自身的素質，所形成的一種自然性影響力，不是來自於領導者本身的職位或職權，而是本書所談到的各項修煉，從建立自己的領袖特質開始。「其身正，不令而行。其身不正，雖令不從。」透過領導者「自我修身」才能產生巨大及深遠的影響，在之前所談的一切修煉，儼然是爲了這一刻在作準備。我們提到許多有關如何幫助領導者建立非權力影響力的方法，但一切的源頭不外乎三項基礎，就是「品德、能力及情感」：

(1)品德：指的是領導者個人的道德、品行、人格、魅力或聲望等，這是決定領導者是否具有影響力的根本因素。如果領導者具有良好的品德，如正派、無私、以身作則等，才能讓部屬發自內心的信服。所以具有良好品德的領導者，將具有強烈的號召力與吸引力，讓部屬願意模仿、服從。

(2)能力：能力指的是領導者的才能，是領導者綜合素質的表現。如果領導者總是能解決部屬的問題，能完成他人無法完成的任務，則部屬對未來也會充滿希望和憧憬，進而對領導者產生敬佩感，這種敬佩感就像磁鐵，吸引部屬自覺自願的跟隨。當部屬眞心的支持你、擁護你，你才有辦法帶領他們完成艱鉅的任務，順利的達成更高的工作目標與績效。

(3)情感：在團隊中建立一個家的感覺，可以降低人事的問題與流動率，一位好的領導者，能讓部屬獲得安全感。團隊的實力來自於部屬的團結，領導者必須每天都在與部屬的感情帳户中存款，建立一個充滿信任、安全感與合作的團隊，才能讓團隊的每位成員心無旁騖的外出征戰。

如果領導者的品德不佳，如言行脫節、口是心非、表裡不一等等，將很難讓跟隨者心服口服，品德的修煉沒有技巧，也不是權術，得從自身的內在作根本的改變，方能獲得良好的評價。然後，持續強化自身的能力，才能讓部屬產生敬佩與尊敬，從而增加領導者的影響力。最後，要勤於在與部屬的感情帳戶內持續存款，展現領導者的關懷，匯聚極大的能量，使部屬工作得更開心、更賣力，當在領導及管理上必須責備部屬時，也就是從感情帳戶裡提款時，才有存款可提。

做個雙向傳播的溝通者。展現領導者的關懷、在情感帳戶裡存款，其中一個最有效的方式是「善於雙向溝通」。查爾斯．史考伯（Charles Schwab）是美國年薪最早超過百萬美元的商界名人之一，他在一九二一年被鋼鐵大王卡內基選拔爲新組建的鋼鐵公司第一任總裁，當時史考伯才三十八歲，而在那個年代，大公司總經理的年薪大概只有一萬美元。史考伯並不是天才，對鋼鐵的生產製造也不在行，爲什麼鋼鐵大王卡內基願意付年薪一百萬美金呢？卡內基說：「他之所以値年薪一百萬美元，是因爲『他懂得與員工相處、溝通的藝術。』」

領導者善於溝通就能與部屬融洽相處、提高生產力，並更容易創造一個像家的感覺。在溝通的過程中，傾聽與表達同等重要，多數主管通常會犯下只顧著「說」的錯誤，而忘了傾聽的重要，因爲傾聽可以拉近彼此的距離，讓對方卸下心防，進一步找出問題的癥結，才能下診斷解決問題。

史蒂芬．柯維在《與成功有約》中提到傾聽有層次之分，層次最高的傾聽是「同理心的傾聽」，但一般人難以辦到，因爲同理心的傾聽出發點是爲了了解而非爲了回應，也就是透過言談明瞭一個人的觀念、感受內在世界。傾聽無論用在領導或銷售都是一樣的道理，因爲領導就是銷售，如同平庸的業務員只懂的「說」，也就是只會銷售產品，而優秀的業務員懂得運用「傾聽」找到客戶的問題，進而提出解決或滿足需求的方案。所以想要進行有效的同理心溝通並發揮影響力，第一步就是必須先了解對方，才能針對不同的人提出對方容易接受的解決之道。唯有領導者眞正了解部屬的人格特質，用對方喜歡的方式來對待他時，才能在溝通過程中扮演知音的腳色。

部屬是老闆，你是僕人。業務經理的首要目標是發展健全的組織，使每一位部屬都有生產力，再者是培養出接班人。一位優秀的領導者，要能夠培育部屬，提升其能力，包括銷售及領導的能力，你不只有能力能夠成功的做個人銷售，還要能透過訓練、激勵讓部屬願意效法學習，部屬相信透過你的帶領，能夠幫助他們過更美好的生活。

業務員必須服務客戶才有機會獲得業績，而領導者必須「服務」部屬，才能凝聚向心力，建構高績效的組織團隊。如果你想成爲一位優秀的領導者，激發部屬最大的潛力，你就得認清一個事實——部屬才是你的老闆。領導者只是扮演幫助部屬解決困難、創造機會、提供服務的僕人，況且少了部屬的支持，你只剩下職稱的抬頭而已。

當年公司大膽的將香港開路先鋒的重擔，交付給年僅二十三歲的我，我當時的老闆馬拉漢特地提前從日本飛來臺灣，爲了跟我搭同一班飛機，陪我出發到香港。在飛機上馬拉漢告訴我，這次他將會在香港停留一個星期，希望在這個星期之內，我可以安排 Mike 跟 Tommy 與他見面吃飯，因爲他可以提供更多誘因，幫助我完成第一次重要的增員。他也督促我到香港馬上找地產仲介尋覓租屋處，如果有任何需要他幫助的地方，趁他還在香港這段期間，都能即時協助解決。到達香港之後，他便交代三位香港同事，給予我工作上及生活上的支持。在馬拉漢離開香港回到日本之後，他更是每天發電郵給我，在電郵裡詢問的並不是工作及業績，而是除了工作之外，還有什麼事是他能夠幫得上忙的。馬拉漢當時管理日本、臺灣與香港幾千名員工，他並沒有認爲自己是公司的總裁而高高在上，反而是運用公司賦予他職位上的權限，盡可能的幫助部屬成長、成功。

領導者的存在，就是要帶領部屬並幫助他們解決問題，帶給他們更美好的未來，如果你的能力無法讓部屬受惠，你在組織裡也就失去存在的意義了。

3. 換位溝通的十六種模式

優秀的領導者能夠依照個別部屬所能接受的方式來進行溝通，原因無他，領導者被賦予的天職就是帶領團隊成員齊心完成任務，身爲領導者必須清楚認知，部屬團結一心、全力以赴，就是完成任務的保證。接著我將分享換位溝通的十六種模式。

掌控型的領導者向來強勢霸道，再加上專制、急促的步調，易造成部屬緊張或不滿。所以掌控型領導者在傳達工作指令時，需要多傾聽部屬的意見，並欣然接受部屬犯錯的可能性，千萬不可一味的指責部屬。有時適時的放緩工作節奏，多點耐心，授權給予有能力的部屬，幫助他們成長。以下是掌控型領導者的特質：

*好勝，企圖心強
*追求成功的動機強烈
*喜歡接受挑戰，掌控欲強
*主觀且自負，以事爲主
*不容易關心別人
*讓人覺得有距離

(1)當掌控型主管遇上掌控型的部屬時：

當二個掌控型特質的人在溝通時，如果各自都堅持自己的「強勢、直接、果斷、自尊心高及愛面子」，就很容易演變成像二部車高速對撞一樣，經常兩敗俱傷，因爲在你展現強勢時，對方也會展現強勢。此時可以透過讚美、發掘對方的長處、適當的授權以及給予精神上的支持，讓部屬清楚自己的權責，尊重他做事的風格，但要事先告知明確的底線及要求適時回報。領導者可以在溝通之前說「我有一個想法，你要不要聽看看」作爲開端，以緩和氣氛。

(2)當掌控型主管遇上感覺型部屬時：

掌控型的主管做事喜歡快刀斬亂麻，希望用最迅速的動作來解決事情，但感覺型的人總覺得做事的「感覺」很重要，希望先熱絡感情後再來溝通，彼此的溝通障礙就此產生，所以在溝通時要讓對方有表達的機會，並在公開場合給予肯定、讚美，私下付出關心。感覺型的人也喜歡自由，不喜歡被束縛，領導者只要掌握工作的方向即可，其餘的留給對方空間自由發揮。

(3)當掌控型主管遇上支援型部屬時：

掌控型主管在溝通時氣勢強、速度快、直指重點，但支援型的人信心不足、速度較慢。一個速度快，一個速度慢，常常會造成「零溝通過程」。我是標準的掌控型，而我一個認識超過三十年的老同學，是不折不扣的支援型，我們的溝通模式通常是這樣，我問：「同學，去吃燒烤如何？」支援型的人需要時間思考反應，我最少得等個三至五秒或更久才會有答案，但我的個性急、速度快，同學都還來不及回答或還在想怎麼回答時，我就直覺對方沒問題而直接下結論。支援型的部屬不是沒有想法，也不是沒有問題，而是掌控型的主管通常不給對方思考的空間，久而久之，造成支援型的部屬不願意表達意見，所以在與支援型部屬溝通時，須注意你的速度。

(4)當掌控型主管遇上謹慎型部屬時：

掌控型的人思考速度快，注重目標導向、重視結果，不太在乎過程中的枝微末節，認爲過程中就算犯錯再作修正即可。但是謹慎型的人有一顆嚴謹、善於分析的腦袋，每一件事都須透過分析、研究細節及流程後才付諸行動，所以謹慎型的人最不容易被說服。在與謹慎型的人溝通時須化簡爲繁，提出充足的理由及可行性，否則對方不會輕易的回答「好或不好」、「是或不是」。

感覺型的領導者必須收斂自己太過隨性、過度樂觀及忽略細節的個性，因爲感覺型的主管喜歡營造歡樂的工作環境，太注重感覺而做事隨心所欲，常常偏離既定的目標，讓部屬覺得朝令夕改、無所適從。感覺型的主管應該謹記，決定成敗的關鍵就在細節裡，不拘小節可能會疏漏了重要的關鍵。此外，還要學會有耐心的、有條理的處理事務，隨時檢視自己的行程計畫，預排重要事務的優先順序。以下是感覺型領導者的特質：

*做事步調快、隨興
*不太重視細節，效率易打折扣
*作決定時較衝動，易情緒化
*交友廣闊，有好的人脈網絡
*表達能力強，擁有很強的說服能力
*改變速度過快，常常朝令夕改

(1)當感覺型主管遇上掌控型部屬時：

掌控型的人在談論重要事情時，通常表情嚴肅、不苟言笑，常讓人感受到一股肅殺之氣，反觀感覺型的人天生熱情活潑，喜歡製造輕鬆愉快、歡樂和諧的氛圍。這樣的差異，常導致感覺型的主管無法得到掌控型部屬的信任，所以感覺型的主管須先調整自己過於輕鬆的態度，就算要營造歡樂的氛圍，也要對討論的事情胸有成竹，千萬不要嬉皮笑臉、態度輕浮的對待掌控型的部屬。

(2)當感覺型主管遇上感覺型部屬時：

當二個感覺型的人聚在一起，是很歡樂的組合，輕鬆愉悅、天南地北的聊了起來，卻忘了目標與主題，原本的會議討論很容易就變成下午茶的場合。二個感覺型的人其實是很好溝通的組合，但要注意時間的分配與管理，不要因隨性而延誤了效率，領導者需要建立威嚴，才不會讓隨和變成了隨便。

(3)當感覺型主管遇上支援型部屬時：

這二個人格特質能夠相處得很愉快，他們都喜歡與人爲善、不喜歡爭執與衝突，是天生的一對好朋友。但是感覺型的人天生善變，而支援型的人則不喜歡改變，所以需要用更多的耐心來面對支援型的猶豫不決，不要任意投變化球給支援型的人，這會讓他們感到進退失據、無所適從。

(4)當感覺型主管遇上謹慎型部屬時：

感覺型的人天生靈活，喜歡創新，總是有天馬行空的想法，謹慎型的人天生嚴謹，重視邏輯以及想法的可行性，所以感覺型的主管要說服謹慎型的部屬，是十六種溝通模式裡，難度最高的一種。我在臺中從業務員開始做起，當時的主管就是一個經典的感覺型主管，只要有他在的場合就充滿了歡樂，他除了擅長營造團隊氣氛之外，也很擅長說服群眾。他總是運用講故事的方式，在會議上說服所有的部屬，例如有一次，他爲了說服所有人自費參加移地訓練，把住宿的場地描述得如詩如畫、如夢似幻，猶如人間仙境，結果到達目的地之後，謹慎型部屬給的評語是「還好」、「很普通」、「跟想像差很多」、「下次不再信他了」。所以感覺型的主管要與謹慎型部屬溝通時，記得先將你的「形容詞」自動打五折，本來想用「超讚」來形容，說成「還可以」就好，如此才能打通謹慎型過於縝密與注重邏輯的大腦。

支援型的領導者對人友善、溫和，做事遷就變通，在團隊中擁有極佳的人緣，但因主觀意識薄弱與不夠堅持的性格，有時會阻礙團隊工作的推展，所以支援型的主管在受部屬愛戴及增進工作效率之間如何取得平衡，正是需要學習與取捨的空間。支援型的主管可以透過改變慢條斯理的步調、小心翼翼的個性，嘗試作一些改變、冒一點風險，並多發表自己的意見，才有助於提升組織運作的效能。以下是支援型領導者的特質：

*溫和有禮，對人友善
*隨和，做事較沒原則
*主觀意識薄弱
*喜好助人，關心他人
*做事過分小心，安全至上
*做起事來慢條斯理

(1)當支援型主管遇上掌控型部屬時：

這是一個部屬氣勢強過主管的組合。掌控型的人天生充滿自信，對任何事皆有定見，而且不易因他人意見而改變決定。反觀支援型的人較沒自信、生性溫和、喜歡詢問他人的意見，不喜歡與人有對立衝突，在與部屬溝通時也不喜歡強力主導整個局勢，更不會去強迫他人，所以支援型的主管覺得與掌控型的部屬溝通時，是一件辛苦、吃力不討好的事。支援型的主管面對掌控型的部屬只要記住一個原則，就是展現「內在的自信」，可以預先作好溝通準備、事先擬好草稿，列出幾項重點即可，千萬別拿出厚厚一疊資料文件，如此就不會被掌控型的部屬掌握溝通的主導權。

(2)當支援型主管遇上感覺型部屬時：

雖然這是一個有人情味的組合，不過感覺型的人思維敏捷、反應迅速、並能言善道，而支援型的人反應較慢、不善與人爭論，如果遇到彼此意見相左時，通常選擇退一步海闊天空，所以支援型的主管非但不容易說服感覺型的部屬，反而常常被對方所說服。此時支援型的主管只要運用驅動感覺型內在動力的因子——「讚美」即可，要感覺型的人行動，並不需要說服他，只需要讚美他。

(3)當支援型主管遇上支援型部屬時：

這是彼此都處於被動的組合，二個支援型的人不會出現爭執，也不會針鋒相對，對平和安穩的現況感到滿意，難以激起企圖心。沒有企圖心就是雙方最大的問題，所以與支援型的部屬溝通，想要激發出積極改變的企圖心，其源頭不在部屬本身，因爲支援型的人天生重感情，在意親情及友情，所以要從「爲了親密的人」作改變著手，運用他們重感情的天性，引導他們往積極、正面的方向前進。

(4)當支援型主管遇上謹慎型部屬時：

這二個人格特質有許多相似之處，例如保守、決策速度慢、不會咆嘯爭執。但要和謹慎型的人溝通無礙則有難度，他們相當理性，過度重視邏輯和結果，執著於事情的細節以及執行的方法，一切都要合乎邏輯思維的分析，加上他們的思路清晰敏銳，有時過度專注在細節上打轉。支援型的主管可以運用自己具耐心的優勢，拋開太過瑣碎、太過繁雜的枝節，嘗試只用三句話來總結溝通的結論，讓謹慎型的部屬覺得你的溝通具有條理又符合邏輯。

謹慎型的領導者凡事都要求精準、重視流程、高標準，具有研究及追根究底的精神，這樣的特質常造成部屬感受挫折及氣餒。因爲謹慎型主管律己甚嚴的性格，對待部屬也會採取相同的標準，是典型的嚴以律己、嚴以待人，所以常常嚴厲的批評部屬，和部屬之間存在著距離感，難以親近。謹慎型的主管需要走出自己的辦公室，多與部屬互動並展現你的關心，不需要盯緊每一個工作流程，要適時的授權，有時候學會睜一隻眼、閉一隻眼，也是無傷大雅之舉。以下是謹慎型領導者的特質：

*凡事求精準、重流程
*具有研究、追根究底的精神
*對品質要求高，謹慎小心
*高標準、缺乏變通
*過於理性，讓人難以親近
*容易對部屬語帶批評

(1)當謹慎型主管遇上掌控型部屬時：

謹慎型的主管在溝通時喜歡遵循下列的流程：交代背景，解釋來龍去脈，事件彼此之間的關係，從中找出支持自己的論點及作法。但掌控型的人並不是這樣思考，他們只想知道：你想討論的重點是什麼？結論是什麼？該如何做？因此謹慎型的人會將溝通過程拖得很長，而掌控型的人聚焦時間卻很短，不喜歡太多細節重複討論，只想從結果去反推重要的關鍵即可，然後可以快速下結論，是接受還是不接受。所以與掌控型的部屬溝通時，試著將溝通的習慣顚倒，提出希望達到的目標，當對目標有共識之後再討論細節。

(2)當謹慎型主管遇上感覺型部屬時：

這個組合最容易發生衝突與爭執，因爲感覺型的人重視感覺、氣氛，不喜歡拘泥細節，常忽略事情的可行性，但謹慎型的人重視合理性、邏輯性，講求條理分明，不希望情感夾雜在工作中，這二種人的性格南轅北轍，很容易演變成一場戰爭。當感覺型部屬在溝通中提出天馬行空的想法時，先別急著批評或否決他們的創意，可以運用提問的方式，如：你提的這個想法可以達到什麼效果？你覺得該如何讓所有人都願意參加？我們最後可以獲得什麼效益？這樣不但沒有當面否決感覺型部屬的提議，也可以幫助他們脫離天馬行空的想法，回到現實的層面。

(3)當謹慎型主管遇上支援型部屬時：

對支援型的人來說，他們是「對人不對事」的類型，他們非常在意他人的心情、感受，因此人與人之間的互動、情感與關係，對他們來說是相當重要的驅動力，至於事情本身則是其次。謹慎型的人在溝通時，講求邏輯，條理分明，習慣將事情切分成各個小細節來討論，在一般情況下，這二種特質的人在溝通上不會有太大的問題。但一旦出現壓力時，支援型的人容易焦慮、缺乏自信，謹慎型的人容易不耐煩、脾氣差，當謹慎型的人展現出不耐煩時，支援型的人就更加焦慮不安。所以面對支援型的部屬時，要少一點分析、多一點鼓勵與支持，運用同理心展現出你在乎他們的感受，這樣才能更順利的達成共識。

(4)當謹慎型主管遇上謹慎型部屬時：

這是二人都被動、思維邏輯強、重視數據及擅長分析的組合。二個謹慎型的人溝通，在狀況好的時候，很快就一拍即合、一點就通，但在意見分歧、狀況不好時，很快就演變成脣槍舌戰的辯論會。二個謹慎型的人在溝通上最容易出現問題的部分是：二人都具有充分、完整的思辨及論述能力，而且數據佐證都很完備，如果要打敗對方，除非你的邏輯性更強，但溝通不是辯論賽，不是要兩敗俱傷。所以得有一放先放下身段，提出：「不然我們將彼此想法的優缺點，先列出來討論看看好嗎？」然後藉由討論把彼此提出的優缺點整合，達到雙贏的結果。

不能只是抱怨員工不行。人際關係出現問題，大多來自溝通不良，而溝通的難度在於彼此的本位主義，溝通的暢行在能夠換位思考。雙方沒有換位思考，容易陷入雞同鴨講的窘境，當領導者能夠了解每一位團隊成員的人格特質，才能針對不同人格特質的部屬，來調整領導與溝通風格，也才能換位思考並用對方喜歡的方式來帶領他們。所以優秀的領導者懂得透過溝通，與部屬共同完成任務，總能激發部屬的潛能與創意，點燃他們的工作熱情與活力。如果領導者只是透過外在的手段來壓制部屬服從，很難讓部屬自願被管理、樂於聽從指揮。

《當代心理學》（Psychology Today）雜誌曾發表一篇研究指出：「好的領導者並非與生俱來，而是經由教導、學習和觀察而來。」身爲領導者必須學習如何調整自己與部屬的溝通方式與態度，但是自我調整並不是爲了迎合部屬、屈尊就卑，而是爲了要讓每個人在你的帶領下，都能夠工作愉快、達成既定目標，創造更好的績效。

Ada Lui 香港迪士尼美語同事

回想二十多年前，當時剛從學校畢業，在機緣巧合下，進入迪士尼美語工作。第一次聽到這家公司覺得好陌生，不知道公司的風氣、文化會是如何，在我面試完之後，心裡非常擔心這是一家詐騙的公司！因爲公司銷售的迪士尼美語教材價格相當昂貴，我心想：這麼貴的一套教材，眞的會有人買嗎？眞的對小朋友有幫助嗎？心裡存在著百般疑問。我應徵的職位並不是業務員，而是銷售部門裡的祕書，而我的老闆就是部門的業務經理——Jackie Liang。

Jackie 是臺灣人，說著一口不道地的廣東話。初見面的印象是他很年輕、很帥、也很嚴肅，讓人感覺相當有威嚴，可能是一位很大男人的 Boss。其實他在辦公室的時間不多，他總是以身作則去到客戶家裡拜訪銷售，或是在書展或嬰幼兒用品展期間，公司有攤位讓他們去吸納客戶、銷售教材。其實我對銷售一竅不通，只是他們的後勤工作人員，最記得 Boss 跟他的部屬千叮萬囑：「Ada 不是你們的助理，不可以指使她做事，不可以對她沒禮貌。」聽到這席話，我覺得很窩心，雖然 Boss 表面很嚴肅，但他非常細心。

當公司有攤位展示時，我也常到會場幫忙，幫忙會場布置、派發傳單，順道好奇的看看他們平時工作的方式。坦白說，我很喜歡到會場，他們的工作氣氛很好，工作態度也很好，看到他們作產品介紹時，總是特別的認眞投入。他們用心想幫客戶找到一個全面的方法，讓下一代學習美語，但教材實在太貴了，不是每一次銷售都能成功，所以Boss會到會場幫助他們促成結案，在他的幫助下，通常都會成交，眞的很神奇！經過短短幾十分鐘的講解和分析，就能賣出一套幾萬港幣的教材。別以爲每個家長都是經濟條件富裕，有些只是小康之家，還有些收入低微。印象中有一次Boss正在作產品介紹，家長突然哭了起來，原來家長是一位底層勞工，想給孩子一個學習美語的機會，但又怕負擔不起昂貴的教材費用，一想到傷心處就止不住淚水了。雖然我在遠處聽不到他們的談話內容，但我看到了Boss柔和而堅定的眼神，帶給人無限的信任感和安全感，我想家長一定也深深感受到Boss是眞心想幫助他的孩子，所以最後家長簽下了這張訂單，這是一份給孩子的愛，也是一份對孩子未來的期望。

我印象最深刻的是有一次跟Boss及同事們一起參加訓練營，而培訓師當然是Boss啦！我很高興能夠參與其中，藉著團體協力的活動，爲了達成任務而必須相互合作、彼此信任，讓同事之間有更多情感上的交流和互動，感覺到有一股強勁的向心力在團隊中凝聚。活動中也涵蓋了銷售技巧的啓發，從中能體驗到說之以理、動之以情的感受。這次的訓練營讓我滿載而歸，眞心覺得 Boss 在銷售及領導上，有豐富的技巧、經驗及心得。

在跟隨 Boss 工作期間，使我獲得許多學習和成長，跟同事相處亦非常融洽，每位同事都對我很好，很疼我，像照顧小妹妹一樣。雖然我只是祕書，但 Boss 很尊重我，眞的慶幸自己有這麼一位 Boss 及一群好同事，和他們一起工作眞的非常快樂，而在 Boss 身上學到的，對我而言是終身受用不盡。

Chapter 4

領導老鷹、管理鴨子

你的使命就是找到老鷹

我總是喜歡用老鷹與鴨子這樣誇張的比喻，來說明業務只有二種。老鷹就是Top Sales，而鴨子只會群聚呱呱叫，卻什麼都幹不了！雖然這句話傷了很多人，但卻是事實，因爲每個月都能達成績效的總是固定那些人，而被檢討的也總是固定那些人。

老鷹不需要被管理，老鷹知道自己該做什麼，他們會管理自己；鴨子不需要被激勵，再怎麼激勵也沒用，不然就不會總是做不好、總是被檢討。

所以領導者要將時間花在老鷹與新人的身上，然後以和藹可親的態度對待鴨子，也就是仍要對這些業績產量不多的部屬心懷感謝、給予關心，但是不能在鴨子身上花太多時間，也不用期待他們會突然能量大爆發，因爲鴨子就是鴨子，老鷹就是老鷹，鴨子永遠不會變老鷹，這是定律。

1. 找到老鷹

業務經理有機會管理二倍的時間來創造團隊的業績，一是管理自己的時間，二是負責組織中每一位成員的時間。管理自己的時間比較簡單，只要將時間用在做最對的事情上並充分授權，就可以讓自己過得更自由、更輕鬆。但是管理部屬的時間就是另外一回事，我發現業務員的業績不佳其實只有二個問題，一是約不到客戶，一是技巧不佳，但銷售技巧通常不是最主要的問題，就算銷售技巧不佳的業務，只要客戶約訪夠多，也有機會瞎貓碰上死耗子。

如果銷售技巧不是最主要的問題，爲什麼這些業績無法達標的業務員總是約不到客戶？問題在於這些業務員「太懶了」。因爲多數的業務員會有惰性，所以才需要業務經理的管理、訓練、激勵與督促，領導者的價值就體現在部屬對於任務的執行度以及業績的產出量。但有些業務員願意跟隨你的腳步前進、有些則不然，哪些業務員能夠承受較高的壓力、總是會跟隨你的腳步，而哪些不會呢？就是我常常提到的業務員只有二種，就是「老鷹與鴨子」。我喜歡用老鷹與鴨子這樣誇張的比喻來形容業務員，因爲這樣可以提醒你，在業務團隊裡，只有老鷹會跟隨你的腳步前進，鴨子則會拖垮你。

態度或能力。領導者該如何去評估誰是老鷹、誰是鴨子？我們先看看下列關於老鷹、鴨子的行爲：

老鷹	鴨子
做任何決定迅速	做決定前想半天，反反覆覆
敢於面對困難的挑戰	總是選擇沒有難度的事情
形象給人走在時代尖端的感覺	穿著呆板、寒酸
總是想著如何可以更好	凡事只要過得去就好了
口頭禪：我馬上去做	口頭禪：可以考慮看看
不喜歡被約束，不愛開會、積極拜訪客戶	最好不要叫我出去找客戶
喜歡學習、接觸新事物、總認為還可多學一些	總認為已經學過了、學夠了、不用再學了
容易被銷售、容易被激勵	抗拒被銷售、很難被激勵
態度積極，總是說：我想要成為老鷹	無關緊要，笑笑對你說：我就是鴨子

從上列表格中，我們很容發現，老鷹是屬於動作迅速的行動派、樂於接受挑戰、願意學習進步、容易被激勵，而鴨子呢？一切都與老鷹相反。是什麼因素造成二者如此截然不同的結果？影響的因素就是「態度與能力」。假設有二個人選，一個能力強，一個

態度好，你會選擇哪一個？在選擇之前，我們先來定義什麼是態度、什麼是能力。

態度就是積極、主動、有上進心、願意學習、願意付出等，這是長時間所養成的性格，簡單來說就是「想做、有意願」；能力就是具備能夠完成任務所需的知識、技巧、經驗等，這些技能是可以學習與被訓練的，簡單來說就是「能做、有辦事的才能」。「想做、有意願」的人，無論遇到什麼狀況都會想辦法完成，「能做、有辦事的才能」的人，能夠輕易的完成任何任務。如果以招募業務員的標準來看，這二樣都非常重要，因爲：

態度×能力＝優異業績

良好的態度再乘上能力，結果一定是等於優異的業績，這是無庸置疑的結果。依照我在香港面試、訓練超過上千人的經驗，我只能告訴你，二者兼具所占的比例「非常非常非常的少」。這不是要你從此打消增員的念頭，而是要老實的告訴你，絕大多數時候都沒有完美的選擇。假設只能選擇一項時，你會選擇「有能力」還是「態度佳」的人？

美國西南航空公司傳奇CEO賀伯・凱勒（Herbert Kelleher）在選才的時候，以「態度」爲最優先的考慮。爲什麼呢？他說：「我們能夠透過培訓來提升員工的技巧與能力，但是我們無法改變態度。」也就是說一個人原本根深蒂固的態度很難被改變。如果一個人總是擁有很好的態度，例如樂觀、進取、自律、求知若渴……，就算現在能力差，但是假以時日必然能成爲老鷹，因爲改變一個人態度的難度遠高過提升他的能力。當時我的老闆馬拉漢總是告訴我一句話："We hire for attitude, and train for skills." 意思是說：「我們只僱用態度好的人，然後培養他們的能力。」這就是我們常聽到的：「態度決定事業的高度。」而我講的老鷹，就是擁有正確「態度」的人。

老鷹的九種態度。每一位業務經理都希望成爲一流的激勵者，希望可以激勵團隊中的每一位成員，但是你得認清一個事實，無論你如何做，不可能讓團隊中的每一位成員都變成老鷹。當時我們公司計算主管的組織獎金，取決於組織每個月的營業額，以及每個月可以合格多少 Producer（一個業務員一個月成交三件訂單以上，就是一個合格的 Producer）。營業額是組織所有業務員成交的訂單總額，而合格的 Producer 越多，主管所能領到的組織獎金百分比就越高。一個月成交三件訂單看似很簡單，但是實際上，每個月都能達成的只有那群老鷹。

業務主管應該將多數的時間花在老鷹與招募、培育新人身上，頂尖的領導者都知道，從持續的增員中找到老鷹的機會，比把鴨子變成老鷹的機率還高。所以，如果你想發掘老鷹，就得刻意尋找或栽培具有下列九項態度的業務員：

(1)自律，(2)求勝心，(3)堅持：老鷹擁有高成就的動機，擁有無比的求勝心，所以相當的自律，他們會守護對自己、對客户的承諾。銷售是很公平的行業，只要夠投入、有付出，就可以獲得理想的收入。老鷹的投入與付出源自於紀律性，持續不斷的開發與拜訪客户就是紀律，無論景氣好或不好、颳風或日曬、情緒高昂或低落，總是不受影響的持續開發與拜訪客户，因爲他們知道，只要永不放棄的堅持並紀律嚴謹的努力，終將得到豐厚的回報。

(4)主動積極，(5)樂觀與自信，(6)善於調適壓力：一件銷售案的成功，有百分之五十的因素是取決於業務員是否主動積極、是否樂觀有自信、是否善於調適壓力，其次才是言語溝通與銷售技巧。所以老鷹比一般業務員更具有主動出擊的勇氣，無論客户多難約、脾氣有多古怪、有多難纏，都無法讓樂觀自信的老鷹打退堂鼓。

(7)智慧與能力，(8)關心客户：業務員在邁向成交的路上都將面對無數的障礙，鍥而不捨的學習能讓老鷹擁有更多智慧與能力，運用不同的創意與作法去克服障礙。當然老鷹更懂得單用話術與技巧不足以贏得客户的信任，重要的是在整個銷售的過程中展現眞誠的關心，關心客戶與成功銷售二者是毫無衝突的。

(9) 整潔與打扮：老鷹賣的不是產品，而是賣自己。長相美醜、高矮胖瘦都不是問題，重點要有乾淨整潔的外表儀容、儀態及合適的穿著，才能夠留給客戶良好的印象。這讓我想起當時從加拿大離家回到臺灣，由於阮囊羞澀且少不經事，印象中我穿著一件T恤就貿然到迪士尼美語面試，幸好面試的主管很賞識我並給我機會，但在面試完要離開前，主管很友善的告訴我，上班記得要穿西裝喔。

一位業務員如果連自己的儀容都管不好，客戶如何能相信這位業務員有能耐做好服務呢？如果你希望找到老鷹，這九項態度就是招募時的標準，當然擁有越多項越好。當然我們都希望找到態度與能力兼備的人，但是如果只有一個選擇時，我會建議以「擁有良好態度」爲優先考量，在一開始就找到容易「改造」的人。因爲態度差、能力也差的人，是無法透過培訓來提升對方的能力，而對於態度差、能力強的人更要小心，建議不予錄用，這絕對會成爲主管的夢魘。

把時間用在老鷹與新人身上。身爲業務經理，必須將八成的時間放在團隊中的老鷹或招募新人身上，但也記得用和藹可親的態度對待鴨子，就是不能花太多時間在他們身上。業務經理總希望影響、激勵每一個人，但我們知道這是不可能的。

八十／二十法則也適用在老鷹與鴨子身上，一個團隊中只有約百分之二十的人是老鷹，可爲整個團隊創造出百分之八十的業績，如果你將時間用在其餘百分之八十的鴨子身上，他們卻只能爲團隊貢獻百分之二十的業績，就此看來，你就是「不公平」的對待有能力的老鷹與新人。

對於產值高的老鷹來說，雖然他們多數處於「自動導航」狀態，但是他們也需要業務主管的關心與激勵。很多主管卻反其道而行，將老鷹置之不理，認爲他們可以自行搞定，而將多數的時間用在鼓勵鴨子，這是完全沒有投資概念的行爲，事實上激勵老鷹每個月多簽二張訂單，要比激勵鴨子每個月多簽一張訂單來得容易。就好比在鴨子的箱子裡放了十顆橘子，另外在老鷹的箱子裡放二十顆橘子，如果在二箱各增加百分之十的數量，哪一箱增加的橘子較多？這是一個顯而易見的數學問題。當你給予一樣的激勵、一樣的獎勵，老鷹就是有能力產出比鴨子更多的業績，就像這二箱橘子一樣。

改變你能改變的事，接受你無法改變的事，更需要擁有智慧去分辨二者的不同。鴨子就是鴨子，無論你如何努力、花多少時間，都得接受無法將鴨子變成老鷹的事實。很多業務經理總是搞不清楚這個狀況，每天集合鴨子開會、激勵，將大部分的時間用在鴨子身上，無暇理會老鷹，我眞替對方捏把冷汗，並擔心他是否有能力與智慧成爲一位優秀的業務經理。

2.發展傳奇人物

我們常聽到這句話：「業務員是公司最重要的資產。」業務員的工作動機、勤奮與努力，是讓公司從激烈競爭中脫穎而出的重要關鍵因素。身爲業務經理，你的責任就是尋找老鷹並將他們引進團隊，協助他們在銷售的工作上發光發熱，我在前面談過，這是你每天必須做的五項工作之一。

當時我在香港，公司每年舉辦三次旅遊競賽，將臺灣與香港幾千位業務員依照不同職級分組比賽。有分爲「新人組」，這是在競賽期間加入的新人全部放在同一組；有「一般業務員組」、「業務主任組」，這是進入公司一段時間後，還沒有晉陞管理級的，就分到一般業務員組，如果晉陞爲主任，就分到業務主任組；還有「業務副理組」、「業務經理組」、「資深業務經理組」等。新人及一般業務員組要贏得競賽很單純，一切以個人業績爲主，在競賽期間簽的個人訂單越多、額度越高，贏得競賽的機會就越高。業務主任組就複雜一點，公司會將「增員」項目加入比賽計分，業務主任除了個人業績必須出色之外，同時要招募到二位新人，新人也必須 Ice Break（破冰），就是新人也要成功的簽到個人訂單才算數。而「業務副理」、「業務經理」、「資深業務經理」組別，除了上述的要求之外，再加計所屬團隊的整體業績，也就是所帶領的老鷹越多，打敗其他團隊贏得競賽的機會就越高。每年三次的旅遊競賽，我在「資深業務經理」組別中均能打敗其他團隊，取得港、臺資深業務經理組第一名，這成果絕對不是只靠我個人的能力，而是我有一群屬於「傳奇人物」的部屬願意挺身而出。這一群傳奇人物的部屬，在香港公司創立初期，未來的前景發展仍是未知數，又是沒有底薪的狀態下，願意相信我並加入我的行列一起奮鬥，一起締造傳奇。（藉由本書要表達我對這些夥伴的感謝，Mike, Tommy, Shirley, Winnie, Chris, Kim, Tony, Jim, Jimmy, Alex, Vanessa, Haynes, Ada, Ivy, Samuel, Rita, Raymond, Steven, Polly, Astina……，我們共同擁有人生最美好的共事回憶。）

傳奇人物或明星業務？一個具備競爭力的業務團隊需要「傳奇人物」的存在，就像我當時在創立團隊初期，加入的夥伴幫助我將團隊的績效一同推向高峰。所以，領導者的當務之急是找到老鷹，然後培育成為傳奇人物，他們將成為所有業務員的標竿，並發揮激勵人心的效果。但是領導者千萬別將「傳奇人物」與「明星業務」混為一談，這是二種截然不同的人物類型。先來談談什麼是「明星業務」？明星業務肯定是團隊業績的重要貢獻者，將老鷹的能力發揮到極致，然而對很多業務主管來說，管理明星業務絕對不是一件容易的事，這些業績優秀的業務員只在乎自己、只會顧好自己，而且他們認爲自己那一套是無懈可擊的。如果過度將資源集中給這些明星業務，不但有失主管的公平、公正性，而且容易受到其他人的嫉妒和排擠，尤其當這些明星業務個人主義過度強烈時，也會影響團隊合作的氛圍。一旦明星業務受到排擠而感受「不開心」時，很可能發生離職的狀況，讓整個團隊蒙受損失。

「傳奇人物」除了有老鷹的能力之外，還具備「無條件支持領導者、願爲團隊犧牲、具有團隊合作精神」這三項思維，意即具備「老鷹」的能力，再加上之前談到成爲「關鍵左右手」的意願。我培育過很多老鷹，多數的老鷹都成爲明星業務，他們只要將個人業績顧好即可，不想發展組織，也不想浪費時間在與個人業績無關的事情上，甚至在辦公室內鮮少與他人互動，因此他們不具備爲他人犧牲、團隊合作的思維。如何讓明星業務持續爲你工作？只要讓他們感受到，當遇到困難時你會爲他們清除所有路障，讓他們可以開開心心的在你的保護傘下盡情發揮、增加個人訂單。你只須與明星業務保持良好的關係、良好的互動，不須特別管理他們、不要擋他們的路，因爲他們通常都擁有責任心，知道自己什麼時間該做什麼事情。

但是傳奇人物則不一樣，你對他們的要求更多，他們是僅次於你的「業務員影響力中心」。我到香港的第一天就招募了Mike與Tommy，除了培養他們銷售上的能力之外，也安排他們多次前往臺北公司受訓，這一切的努力就是希望他們能成爲我第一批的傳奇人物。我要求他們必須有超強的個人業績，鼓勵他們贏得每一次的旅遊競賽。當我們一同出發到臺北，當著幾千人面前上臺接受表揚時，他們的銷售能力才算眞正獲得他人的認同與「認證」。如果只是自己單位裡的業績高手並沒有太多的說服力，多次贏得公司競賽、接受表揚與掌聲，這才是擁有實力的證明，也才有機會成爲傳奇人物。

從招募時就開始。我在講課時，常常問業務主管一個問題：「一樣的公司、一樣的產品，爲什麼有些業務業績好，有些業績差？業績不好是公司問題？產品問題？還是業務的問題？」「問題出在自己！」幾乎每一位業務主管都這樣回答。沒錯！業績不好的原因就是業務本身出了問題，跟公司規模、產品價格沒有多大關係。業務員自身的「態度與信念」出了問題，給他再好的產品、再便宜的價格，都一樣賣不出去。

可以試想，當一位新人被召募進來之後，你會對他做什麼樣的教育訓練？通常給新人的訓練不外乎「產品知識、銷售技巧、銷售話術」這三種，但是當一位業務員只懂產品知識、銷售技巧、銷售話術時，很快就會遇到瓶頸，接著就衍生更多問題，嚴重還會影響到整個團隊或領導者的威信。這一切人事問題的根源，就在一開始的招募上，如果在一開始就找到錯的人，最後的結果一定是錯的。要培育團隊中的傳奇人物，必須從招募時就開始，而不是當新人報到任職後才想改變他，因此發展優秀團隊的三個步驟分別爲：讀懂人、用對人、會帶人。

前面談到的DISC人格特質分析，就是讀懂人的工具，若捨棄工具而不用，單憑自己的經驗與好惡，很容易挑到錯誤的人，例如要開疆闢土須選擇具有D或I的人格特質，S與C的人並不適合。除此之外，你還要懂得篩選出「有能力、有意願」作爲第一優先選擇，當然「沒能力、有意願」也是招募的目標之一，剩下「有能力、沒意願」或「沒能力、沒意願」這二類人，在一開始就必須淘汰，不列入考慮，所以當你能夠讀懂人，才有能力用對人，用到對的人，帶起來就容易得多。在香港分公司還沒正式成立運作之前，爲了測試產品在香港市場的水溫，特地安排我從臺灣到香港參加迪士尼展。在展覽會場裡，公司承租了一個小攤位讓我試賣，老闆馬拉漢對我說：「Jackie，這次去參加展覽不要有太大的壓力，能不能現場賣出產品不是重點，最重要的是去感受香港客戶的反應，並趁這次去香港的機會，提早招募在香港Mike與Tommy。」

Mike與Tommy是我在溫哥華早已認識多年的老友，我們曾在餐廳共事過，我很清楚知道，他們二人可以成爲我團隊中的傳奇人物，但他們在香港已有一份收入穩定的工作，我該如何影響他們，接受一份沒有底薪、沒有福利的工作？

找到有能力、有意願的老鷹，成爲你團隊中的傳奇人物，關鍵不在於薪水有多好、傭金有多高、福利有多齊全，如果你招募的新人，是因爲這三項跟「錢」有關的因素才加入，假以時日也會因爲「錢」而輕易離去。而且你在招募時，通常會將這三項因素加以美化、言過其實，一旦對方發現有落差時，你們一起共事的緣分很快就告吹了。優秀的領導者懂得用自己的夢想去點燃一群人的理想，讓被招募者對未來燃起熱情，相信你可以幫助他們獲得心靈的成長，協助他們發掘自己眞正的工作目標，以及如何以現狀爲跳板去實踐人生未來的夢想，因此領導者必須時時刻刻與部屬們溝通討論，並牢記他們的目標與夢想。

給部屬一個夢想。美國黑人運動領袖馬丁・路德・金恩（Marthin Luther King, Jr.），是一名牧師、社會運動者、人權主義者和非裔美國人民權運動領袖。一九六三年馬丁・路德・金恩發起「向華盛頓進軍」活動，並在華盛頓林肯紀念堂發表著名演講「我有一個夢」，當中有一段是這麼說的：「朋友們，今天我要對你們說，儘管眼下困難重重，但我依然懷有一個夢，這個夢深深根植於美國夢之中。……我夢想有一天，我的四個孩子將活在一個不以皮膚的顏色，而是以他們品格優劣作爲評判標準的國家裡。」個頭矮小、其貌不揚的馬丁．路德．金恩沒有任何公職所賦予的權力，也沒有富可敵國的財力，但他卻影響、激勵民眾，他的夢想引發了數以萬計的人，自發性的加入改革運動的行列，成功的廢除不平等的種族隔離政策，更促使美國國會通過《民權法案》及《投票權法案》，在法律上正式終結美國黑人被歧視的地位。馬丁．路德．金恩長期以非暴力方式追求種族平等的理想，在一九六四年獲頒諾貝爾和平獎，他用一個人的夢想去激發一群人的理想，而他的夢想所造就的影響深遠，五十年後，黑人歐巴馬能夠當選美國總統就是一個最佳例子。

帶領團隊也是一樣的道理，多數業務主管以「業務可以賺很多錢」爲主要增員訴求，自始至終想的都是如何賺錢，但卻從未想過「爲什麼賺錢」。如果我在招募Mike與Tommy時將賺錢當作夢想訴求，他們只會將個人的利益放在第一優先，便無法爲團隊無償付出與犧牲，縱使他們銷售再厲害、業績再優異，也只能成爲明星業務而不是傳奇人物。所以，身爲領導者的你有夢想嗎？不妨在招募時大膽分享出來，影響大家將夢想作爲目標，賺錢只是附屬的結果，這樣團隊才能萬眾一心，充滿戰鬥力，且當部屬有夢想時，在屢遭挫折後方能迅速的提起勇氣再站起來。

讓部屬嚮往變成你。我在香港招募面試新人時，他們都相當訝異，我在二十三歲就可以晉陞爲業務經理，而且公司居然大膽的將開拓香港市場的重任，交給一個二十三歲的年輕人。我並不是要彰顯我有多厲害，而是當時我只有二十三歲就當上業務經理，在帶領團隊時給了所有人一個看得見、能實現的夢想，我的出現傳遞給部屬一個重要訊息——只要你夠認眞努力，年紀、學歷、經歷都不是問題。

「Jackie 左手伸一伸，貴過你全身。」每當我手上戴著新買的手錶時，就會聽到 Alex 在公司對著眾人說著這句話玩笑話。在我的團隊步上軌道之後，因爲有許多傳奇人物的幫助，讓我每天早上都能到健身房報到，部屬都知道我早上不會進辦公室，有事找我必須等到中午過後。此外，部屬都期待我出國受訓後，回來與他們召開的第一次會議，我會將受訓期間的學習與見聞帶回團隊中，分享我的學習心得與領悟，這樣的分享一年至少三次以上。

「崇拜會產生動力，恐懼則會產生壓力。」最好領導者本身也是團隊裡的傳奇人物，就像新的 iPhone 推出時，總有大批果粉徹夜排隊購買，這些的行動都出自於對賈伯斯的崇拜，或是對 Apple 品牌的崇拜。如果身爲業務經理，你的個人業績不行，穿得克難、用得寒酸，每天的會議口水多過茶水，你覺得業務員會崇拜你嗎？其實他們心知肚明，你只是虛張聲勢，不斷的在施加壓力而已！

趕鴨子上架

我有一位女性朋友，在結婚之前，相信透過婚姻可以改變另一半嗜賭的習性，因爲她的結婚對象，曾經因好賭而賠掉家裡二棟房子。眾人都勸她：「好賭的習慣很難改變，一定要三思！」

各位猜猜看，我這位朋友最後嫁了嗎？是的，她始終認爲「愛」可以改變一個人。就在結婚不久後，先生的賭性又故態復萌，而且變本加厲，結果欠下幾千萬的賭債而潛逃離境，再也回不了臺灣了，幾年後，這段婚姻還是以悲劇收場。

我相信多數的業務主管，就像我這位嫁給賭徒的朋友一樣，覺得自己肩負一個神聖的使命，同時卻高估了自己的能力。怎麼說？我的朋友希望透過婚姻來改變嗜賭的另一半，這個想法就像你期望透過訓練、激勵來改變一隻鴨子一樣，但是當一個人的態度有問題時，是怎麼樣都無法改變的。我想說的是，業績好壞不是判別老鷹或鴨子的條件，有沒有求勝企圖心的態度才是。

1. 關注基本面

有一次，我到臺灣南部某公司的早會銷售客戶開發的課程，單位的經理希望我在銷售結束後，幫新人作二十分鐘的激勵，爲了感謝我幫新人作激勵，經理特別提供單位的會議室，作爲我付費課程的授課場地。

我欣然答應，這只是舉手之勞，又能幫助新人，何樂而不爲！在激勵結束後，有一位新人主動前來與我聊天。他說：「老師，不是我們不想積極努力，但是公司每天的會議，都已經耗掉我們半天的時間了，我已經被磨到快失去信心了。」這位新人講得義憤塡膺，一副很想出去拚搏的樣子，卻被過多的會議耽誤了青春。

二個星期後，我依照約定時間來幫付費的學員上客戶開發課程，我提早到會議室作課前準備，檢查所有設備正常後，我想再次當面感謝經理。當我一走出會議室，遠遠就看到那天抱怨會議太多的新人，你猜猜他在做什麼？此時單位裡大部分的人，都已經去會議室準備上課了，我很訝異這位「想要有積極作爲」的新人竟然沒有報名課程，還坐在位子上與隔壁同事聊天，看他悠哉的樣子也不像準備去見客戶。都已經下午一點多了，沒有約訪客戶，也沒有積極的打電話，只會抱怨與聊天，這就是鴨子。

我常問業務員：「你來做業務是當成事業還是職業？」通常得到的回答都是：「事業。」鴨子嘴巴說做事業，行爲卻是在做職業。該如何激勵鴨子自動自發？該如何讓鴨子達成業績目標？該如何讓他們進步？實話實說，我的經驗是：鴨子永遠不可能自動自發、無法達成目標、也不會進步！

我在上課時常問學員：「你自認爲是老鷹的舉手！」通常只有少數幾位信心十足的人敢舉手。接著我又問：「你自認爲收入與能力都還稱不上是老鷹的舉手！」這時幾乎全部的人都舉手。我接著解釋：「請放心，在座沒有鴨子，因爲鴨子是絕不可能花錢來學習的。」

我多數的課程都是學員自費來上課，一個不會自動自發、沒有企圖心、不願意學習進步的業務員，怎麼可能自掏腰包來上課！鴨子對公司免費提供的課程都意興闌珊、興趣缺缺了，更不用說要他掏錢上課。當一個人擁有企圖心與行動力時，才有可能被栽培爲老鷹，如果一個人不具備這樣的特質，再多的栽培都是塗在糞土之牆上，結果都是扶不起的阿斗。Sorry，鴨子就是鴨子。

如果你現在帶領團隊總覺得心力交瘁，越做越辛苦，有可能是將太多的時間放在鴨子身上。基於有教無類的想法，讓你想將每一個業務員都訓練成銷售高手，這樣的想法與做法在商場上非常不切實際。不要期望鴨子有一天會業績大爆發，如果有也只是曇花一現而已，所以要將多數的時間花在老鷹身上，對鴨子則適度的視而不見，依然展現你的關心即可。

因爲鴨子無法被有效激勵。日本經營之神稻盛和夫將員工分爲三種類型，第一種稱之爲自燃型，無論做什麼事情都充滿了幹勁的人，擁有這種做事態度，最容易變成老鷹，只要給他一個火苗，就會引爆他的衝勁，做出驚天動地的業績。第二種叫點燃型，需要他人推動才能激發內在能量的人，這些人的業績時好時壞，多數時候踢一下走一步，有一半鴨子的基因，無法對他們要求太多。第三種是阻燃型，是百分之百的鴨子，無論環境如何改變，這些人都無動於衷，很難激發他們的內在動力。

所以花時間與這些鴨子開會、激勵，無疑是在浪費生命，而且時間付出在鴨子身上又得不到成果時，甚至會讓領導者備感挫折、消磨鬥志，懷疑自己的能力。雖然鴨子無法被有效激勵，也無法產出太多業績，但或多或少還是有基本的貢獻，所以你得和藹可親的對待他們，對他們心懷感激，切記不能花太多時間，只要給他們方法、關注他們的基本面，幫助他們規矩的走在軌道上，維持基本的業績產能：

個人業績＝名單×約訪技巧×銷售技巧

你看到了嗎？產生個人業績的規則很簡單，給他名單或幫助他找到名單，教他約訪技巧、銷售技巧，就這麼簡單。既然簡單，爲什麼還是有那麼多的業務員沒有業績？問題就出在「約訪」。

假設有二個業務員，一個銷售技巧很好，產品的CP值也很高，就是約不到客戶，你認爲會有業績嗎？另外一個銷售技巧普通，但是約訪行程滿檔，不停的與客戶見面，其結果可想而知，按照大數法則的結果，一定能維持穩定的業績。

鴨子寧願花時間研究產品、打屁聊天與抱怨，就是不願意拿起電話撥出去。所以，領導者本身必須是個約訪高手，教鴨子打電話約訪，給他們一張白紙黑字的話術腳本，先要求他們背熟，與你面對面的演練，直到熟練爲止，當然你的傳奇人物可以協助分擔這些責任。有了電話約訪的基礎技巧後，接著就是逼他們拿起電話打出去，硬性規定每個星期的哪幾天必須坐在位子上打電話約客戶。無論預先在辦公室練習多久、準備多久，客戶不會乖乖的照著安排的好的腳本順序配合演出，所以只要練個幾個小時後，就要求他們開始打給客戶，與客戶眞實的互動才是最好的學習，此時你或傳奇人物最好在場，在業務員遇到困難時，可以馬上找到解決的方法。

多數的鴨子一個星期只花五至七小時做眞正的銷售，事實上可能更少，什麼是眞正的銷售？就是與客戶坐下來解說產品，要求客戶購買，過程中還要解決客戶提出的反對問題，在反覆的解說、要求結案、解決反對問題之後，無論最後有沒有成交，這樣的一個銷售流程需要多少時間？我的經驗是至少一個半鐘頭。如果一個星期眞正的銷售時間只有五小時，表示一個星期只見三個客戶，老鷹見三個客戶都未必成交一件訂單，何況是鴨子呢？

從他們的基本功下手。電話約訪、銷售技巧、反對問題處理，這三項是業務員生存必備的基本功，缺一不可。

(1)電話約訪：

就是「開拓客源」的能力。業務員約不到客戶或找不到新客源，一切的訓練都是白費工夫，所以新人報到的第一件要事，就是學習如何開發客戶。我在做業務的第一天，打第一通電話就約到第一個客戶，當天就成交了第一件訂單，我知道這是運氣好，而這樣的經歷讓我對業務工作充滿了信心，無論再慷慨激昂的激勵，都無法達到這種親身經歷的效果。所以我非常重視新人開發客戶的能力，因爲我知道，教導新人正確開發客戶的技巧，幫助他們在最短的時間內「破蛋」，就可以省掉很多時間與脣舌來說服對方——跟著你有前途。

(2)銷售技巧：

包含了「產品知識、解說能力」。你無須擔心新人在還不懂產品與解說時就約到客戶，這不是問題，可以經由主管的陪同拜訪來幫助新人成交。如果事情分爲重要、不重要、緊急與不緊急四個象限，產品知識與解說能力是重要但不緊急，電話約訪是重要且緊急。老鷹不會在辦公室裡學會了所有知識、技巧後，才出去面對客戶，他們習慣從做中學，犯錯反而促使他們學習得更快。而鴨子呢？他們希望學完了再去面對客戶，但鴨子忘了一件事——銷售這個行業是永遠都學習不完的。

(3)反對問題處理：

就是「有能力解決客戶提出的任何異議」。奇異執行長傑克・威爾許說：「成爲領導者之前，成功靠的是自我成長；成爲領導者之後，靠的是幫助他人成長，把他們的潛能發揮出來。」你之所以擔負業務經理的重任，是因爲你有能力將想法植入客戶、業務員的腦中，因此你必須幫助所有業務員，熟練下列五個客戶常提出的反對問題：「我考慮考慮」、「我要跟先生商量」、「我沒錢」、「我已經買很多類似產品」、「我也有朋友在做」。如果身爲業務經理的你答不出來，難怪你的部屬也答不出來，至於該如何回答比較好，建議你可以參考我的上一本著作《成交在見客戶之前》。

你現在可以起身走出辦公室，隨便抓一個業務員考考他，能不能對這五個基本問題，很流利的處理或回答，如果業務員沒有辦法做到，請不要急著檢討他們，因爲該檢討的是身爲業務主管的你，你平時疏於關注他們的基本功，只在乎他們有沒有業績。如果連這五個基本問題都無法處理，當你的部屬面臨其他的競爭者時，勝算會有多少？只能靠產品勝出嗎？要是產品好到這種程度，就可以直接放在便利商店賣了，根本不需要業務員。

幫他們開疆闢土。業務主管不是晉陞之後，就此拿到一張不用作爲的執照，而是身負更多的責任，領導者從來都是爲責任而活的。業務員的三項基本功就是業務主管的責任，你必須幫助跟隨你的部屬賺到錢，爲部屬開創未來發展的前景，所以不能期待他們用同樣的方法、能力，去創造不同的結果。

「約訪客戶」是一切業績的起點，沒有客戶可見，何來業績之有！但有些業務員「打電話」的技巧總是無法突破。當時在香港，我們爲了解決這個問題，設法找出更多與客戶面對面的方法，幫助業務員不一定要靠打電話才能見到客戶。我到香港一個多月後，發現有些客戶不喜歡業務員登門拜訪，所以發展出Showroom，也就是在辦公室擺設一個產品展示間，裡頭有遊戲區、產品展示、一部大電視，還有多個圓桌的座位，讓我們有機會邀請客戶到辦公室洽談。我們也發展出商場的布點，在香港有許多小型或地區商場圍繞在住宅區旁，我們特別訂製了商場短期布點的道具，並計畫未來三個月所有假日的行程，由香港島到一個多小時車程之外的新界天水圍，都是布點的範圍，以此幫助那些電話約訪技巧不好的業務員，有另一個可以接觸客戶的選擇。當然我們每年都會參加大型的展覽，例如Book show, Baby show, Disney Show等。除了這些活動之外，公司更邀請美國知名的銷售大師，帶來更多接觸客戶的新技巧，如Take one box, Scap等。

任何一位業務員可以陞遷爲主管，是因爲他不是忙著見客戶、衝業績，就是忙著增員，根本沒有太多時間待在辦公室裡。如果你不是靠著坐在辦公室就陞遷的，就別在晉陞主管後只會坐在辦公室，你必須跟業務員走在一起，一起走進市場、一起出現在客戶面前，才能了解他們遇到了什麼問題，也因爲你一直都待在銷售的第一線，才能幫助他們找出突破難關的方法，才有辦法將鴨子放在正確的軌道上。

2.不能容忍負面思維的擁護者

你的團隊裡有沒有這樣的業務員，你與他談如何達成銷售目標，他與你談景氣不好、產品沒有競爭力、客戶觀念太差、團隊氛圍低迷、教育訓練不足……，總之就是困難重重、阻礙連連，唯獨自己本身沒問題。每當團隊熱烈的討論該如何安排更多活動、如何超越目標時，只要這些人在場參與討論，原本大家充滿鬥志的熱情，瞬間被他們澆滅而面面相覷。如果你的團隊中有這樣的業務員，就要有高度危機意識並立即拉警報，這些人肯定會成爲一鍋粥中的老鼠屎。

管理學上有一個稱爲「酒與汙水」的定律，意思是將一杓酒倒進一桶汙水，得到的會是一桶汙水，如果反過來，將一杓汙水倒進一桶酒，得到的結果還是一桶汙水。在此我們發現到，酒和汙水的比例並無法決定這桶液體的性質，眞正關鍵的決定因素是那一杓汙水，只要有它，再多的酒都會變成汙水。爲什麼一杓汙水可以汙染一整桶酒，一顆老鼠屎可以毀掉一整鍋粥呢？因爲破壞總是比建設還要容易、批評比設法解決問題還要簡單。團隊中只要有一杓汙水存在，你平日辛辛苦苦的經營與建樹，將輕易的被毀於一夕之間。所以身爲業務主管，必須能夠辨別出誰是汙水，並儘速處理這些擁有大量負面思維的人，他們擁有下列共同的特徵：

(1)整天抱怨：

愛抱怨的人總是憤世嫉俗，總是有被害妄想症，抱怨絕對是最大的負能量，這些人的能力就是製造一個黑洞，一點一滴奪走團隊的正能量。當你與這些部屬對話溝通，會覺得心特別累，甚至開始懷疑人生。如果有一群業務員每天無所事事，只會怨天尤人，對你的領導威信會是極大的挑戰。

(2)阻燃型人物：

我們在前文談到日本經營之神稻盛和夫將員工分爲三種類型，分別是自燃型、點燃型與阻燃型。阻燃型人物會讓你的權威喪盡，他們沒有團隊意識，對於你所提出的訓練計畫、激勵辦法，甚至是輕鬆的聚會活動，全然意興闌珊。在香港有一句形容這樣的人，叫「爛泥扶不上壁」，這句話雖然不好聽卻很貼切，你希望這些泥巴能築成一道牆，擋風避雨、屹立不搖，你想盡辦法、不畏辛苦的將它們塗上牆壁，結果如何呢？它們很快的脫落下來，仍舊是地上的一攤爛泥。

(3)製造動亂：

這些人喜歡散布謠言、談論八卦、搬弄是非，話語之間充斥著小題大作、挑起紛擾、唯恐天下不亂。當公司更改規定、產品價格調漲、假日舉辦培養客戶的活動時，這些人通通有意見，這是他們可以製造動亂引起人心惶惶的機會。當你在宣達重要決策時，只要有這些人在場，就別想獲得他們的支持。

有這三種特徵的人，特別容易聚在一起，形成「負面思維小團體」，身爲業務主管，絕對、絕對不能容忍負面思維在團隊中散播，所以不要把自己關在辦公室裡，停止無謂而冗長的會議，走出辦公室多與業務員溝通互動、表達關心，你就可以聽到很多原本聽不到的聲音。

一旦發現有這三種特徵的人，絕不可置之不理或輕輕放下，他們絕對是團隊的害群之馬，必須立即處理，而該如何處理呢？就是「搖掉爛蘋果」。

搖掉爛蘋果。美國奇異執行長傑克．威爾許有二十世紀最偉大的經理人之稱，一九八〇年代的奇異電子，看似表面風光，實際上卻是危機重重的航空母艦型企業。在傑克．威爾許執掌奇異電子的二十年間，不斷的推動改革，直到他退休之際，奇異電子的年收益，已從他接手時的二百五十億美元，大幅提升至一千三百億美元。這其中一項重要改革就是「活力曲線」法則（Vitality Curve），活力曲線就是依照員工績效的高低，劃分爲 A、B、C 三類，績效排在前百分之二十的員工爲 A 類，這些人對工作充滿激情、勇於負責、思想開闊並賦有遠見，他們不僅充滿活力，而且有能力帶動周遭的同事，發揮更高的工作效率。傑克．威爾許認爲，要盡一切可能將 A 類的員工留下，如果這類的員工離職，造成這些人力損失的主管得負起全責。B 類的員工約占百分之七十，他們有能力，但缺少了 A 類員工的「激情」，所以奇異公司用大量的精力在教育訓練 B 類的員工，部門經理的重要職責之一，就是幫助 B 類員工提升爲 A 類。績效排在最後百分之十的就屬於 C 類員工，這些人無法勝任自己的工作，且持續釋放負面思維，打擊團隊士氣，阻礙目標的達成，作爲領導者絕不可以在 C 類員工身上浪費時間，應該立即予以辭退。業務團隊就像一支球隊，打球的目的就是爲了贏球，所以傑克．威爾許說：「你得相信擁有最強選手的隊伍才會贏，讓最底下的百分之十的員工知道他們的位置，請他們另謀高就。」雖然很多人覺得這是一個殘酷無情的管理，但傑克・威爾許認爲，如果讓這些績效差的員工繼續撐下去，直到他們無法找到任何工作才開除他們，這才是殘酷。

無獨有偶，香港《蘋果日報》來臺灣發展，只用了短短幾年的時間，就躍升爲國內閱讀率最高的報紙。《蘋果日報》成功的關鍵，是老闆黎智英制定一個搖蘋果的機制，何謂搖蘋果？就像是傑克・威爾許的活力曲線一樣，是一個內部檢核的機制。《蘋果日報》每年淘汰百分之十績效最差的員工，然後再招募一批新血，以此維持員工的動能及競爭力。因爲黎智英奉行「搖掉爛蘋果」，才能在短時間內創造傲人的績效，成功搶占龐大的市占率。

雖然我多次強調，領導者必須展現韌性，千萬不要輕易放棄，但我在此要先自首，當發現對方是爛蘋果時，我也會放手，爲什麼呢？爲了我的健康、團隊的健康以及我的自尊。業務單位的管理，不是大家一起吃大鍋飯，也不是永遠都是大團圓的結局，在管理團隊時，常常必須作出艱難的決定，就是搖掉爛蘋果。但是很多業務經理有留人的習慣，這是自尊心在作祟，留下一顆爛蘋果的剎那間，你會覺得有面子，但卻遺留禍害，甚至毀了你多年辛苦建立起來的領導威信。

沒炒過員工魷魚的不是好老闆。我的一個好朋友，是某美商公司的業務主管，有次在聊天時，他說：「有些部屬的態度眞的有問題，我當開路先鋒帶頭衝鋒陷陣，就是有一些人不願意配合。」他接著說明：「一日之計在於晨，我希望部屬每天八點半就進公司，這樣就有一整個早上的時間可以演練與約訪。」（美商公司通常沒有硬性規定上班時間，我們當時也是這樣。）爲了鼓勵所有人確實執行，他自己每天八點就進辦公室，足足比部屬提早半小時，爲的是以身作則。他說：「只是簡單的要求每天提早進辦公室，就是有些人做不到。」你身爲業務主管，也遇過相同的問題嗎？這樣的部屬很懶散、很難約束管理，該如何讓他們自動自發呢？

天啊！我們說過鴨子不會變老鷹，還記得嗎？你不能找一隻鴨子來，然後要訓練他飛，除了把家裡搞得雞飛狗跳之外，你自己會先累死。

有聽過「短板理論」嗎？一個木桶可以裝多少水，不是看桶壁上最高的那塊木板，而是取決於最短的那塊木板。所以，除非這個木桶所有的木板都一樣高，才可能將水裝滿，如果你容許團隊中有短木板存在，你的木桶就永遠裝不滿水，而且滿溢的水就從這些短木板處流失，短木板的部屬總是挑戰你的領導威信，甚至會嚴重影響其他的長木板，變得跟他們一樣短。

假設有二個團隊，A團隊因爲受不了巨大的銷售壓力，業務員的流失率高，一年流失約百分之三十的業務員，導致增員的速度比不上流失的速度。B團隊氣氛和樂，大家相處融洽，經理抱持著有教無類、有容乃大的態度，幾乎沒有流失率。你覺得這二個團隊的領導者，哪一個比較適任呢？

A與B都不是優秀的領導者。因爲業務員的流失率，代表領導者未能知人善任，經常任用錯誤的人，才會造成過高的流失率。幾乎沒有流失率的業務團隊，代表領導者對於低績效的容忍度很高，容許過多的鴨子留在團隊中，雖然維持住表面的「人頭」數字，卻沒有實際的「人力」效益。

對於「沒能力、有意願」的業務員，領導者可以爭一隻眼閉一隻眼、友善的對待他們，但對於只會抱怨、在團隊內製造混亂，又不願意配合行動與進步的人，必須斷然的請他們離開，否則你的團隊會有補不完的漏洞。當傑克．威爾許接管奇異電子時，大膽提出了「末位淘汰論」，也就是我們談到的「活力曲線」、「搖掉爛蘋果」機制，領導者必須讓C級員工知道他們所處的位置，提醒他們提升自己或自動轉職，不然就直接淘汰。「活力曲線」制度被認爲是爲奇異電子帶來無限活力的法寶之一，如果你想讓團隊保持活力，淘汰不適任的鴨子，在實務操作上有難度，在情感上也相當掙扎，領導者該如何做呢？

(1)評估團隊的流失率：

不是流失的業務員都是爛蘋果，你可以回顧看看，過往流失的業務員裡，有多少是屬於前百分之二十的A類，有多少是屬於後百分之十的C類。優秀的業務員流失是「壞的流失」，C類業務員的流失是「好的流失」。如果優秀的業務員在你手下流失了，這是一件嚴重的事情，領導者絕對有罪，而且是重罪，如果C類業務員沒有流失或請他們離開，等於是養老鼠咬布袋，領導者一樣是重罪，因爲你沒有積極處理這些爛蘋果。

(2)區分好蘋果與爛蘋果：

如果沒有一個客觀的考核標準，區分誰是好蘋果或爛蘋果，當你要開除一個人時，根本無從著手。多數的領導者在淘汰業務員時，是淘汰那些「令自己不滿意的業務員」，而不是「不稱職的業務員」，隨著自己的好惡感覺做事是非常危險的，而且很難讓部屬心服口服。所以在平時就該讓績效差的業務員知道，他們已經處在被考核掉的邊緣，而不是平常都和善的稱讚他們，到考核時才突然說表現太差，要請他們離職。

(3)下手快、狠、準：

對於爛蘋果，要果斷的解僱，因爲對這些人容忍，就是對優秀的人殘酷。我在香港時的上司，因喜歡在團隊中操弄鬥爭，將公司的人事搞到天翻地覆，逼走了很多優秀的業務員，後來這位上司在我面前，被美國來的董事在電梯裡直接開除了。這些董事很清楚知道，若不果斷的解僱爛蘋果，留在團隊裡持續製造事端，才是天大的災難。一位優秀的領導者不但要懂得招募老鷹，也要懂得搖掉爛蘋果，沒解僱過爛蘋果，稱不上是一位好的領導者。

增員是銷售的延續。我們談了很多老鷹與鴨子，你也很想只留下老鷹，然後瀟灑的請鴨子走路，但當你的團隊成員缺乏積極「招募新人」的意識與行爲時，「搖掉爛蘋果」這個念頭，你只能在夢裡想想，因爲你沒有本錢做這件事，且鴨子也看出你的弱點而吃定你了。

要求每一位部屬都具有積極增員的想法，在你當初招募他的時候，就必須清楚的傳遞，這是一個業務單位能夠持續成長、保持活力的重要關鍵，如果你在招募一個新人時，對方不能認同這個理念，根本不應該讓他加入團隊。

我長年在業務單位講課，發現很多團隊的成員老化、主管年紀過大、形象古板、沒有創造力、業務員缺乏活力、會議比業績還多……，這所有的危機都來自於團隊增員的速度太慢，而且很多主管的增員目的只是爲了交差，通常找進來的人都是濫竽充數的鴨子，這些人毫無上進心，更別談競爭力。如果業務主管覺得沒新人也無關緊要，靠老人做業績就行了，而且十個新人的業績還抵不過一個老人，這些現象顯示這個團隊在吃老本，已經不想拚了，團隊的未來可想而知，只會每況愈下。

想讓團隊具有強勁的競爭力，保持活力曲線，除了搖掉爛蘋果之外，還要說服團隊每一位成員「都必須增員」。要強化團隊成員的增員意識，除了領導者平日的宣導，還必須尋求外援講師的幫助。爲什麼要尋求外援？因爲借力使力是最快速有效的方法，況且每天都是你握著麥克風在講，會議也是你主持，在座的業務員心裡怎麼想？他們只會覺得「又來了」、「講的都是同一套」，但這不全是業務主管的錯，因爲一個團隊帶領久了，縱使你再厲害也會變得了無新意。爲了打造高績效、高產能的團隊，領導者必須絞盡腦汁、用盡渾身解數，讓整個團隊動起來，讓每一位成員都有堅強的信念，他們的職責除了銷售之外，還有招募的責任，當每一位成員都鎖定相同的目標與夢想時，就是團隊再創高峰、登峰造極的時刻。

Rita Puk 香港迪士尼美語同事

光陰似箭，日月如梭，時間有如白駒過隙，轉瞬即逝。回頭一望原來已事隔二十載，爲何仍覺歷歷在目？可能是難忘的事，會特別的深刻。還記得以前在迪士尼美語工作的那段時間，是我人生中最難忘的記憶。當時我還年輕，入世未深，處事不加深思、亂衝亂撞，結果有僥倖的成功，也有理所當然的失敗，各自參半！往後這幾年的跌宕起伏，曾經跌倒過、傷心過、擁有過，閱歷一點一滴的累積。

平心而言，我在 Jackie 老師身上學懂了三樣珍貴的東西。

第一是「眞心和誠懇」。一句「媽咪呀」竟然能改變整個結果，這是我始料未及的。我們銷售的是一套完整的兒童美語教材，對象當然是家長，有一次在香港書展中，我向一位媽媽講解產品，已推介了一段時間，她確實是喜歡，金錢也不是問題，爲何遲遲未能作出決定呢？就在那電光火石的瞬間，老師走過來協助我，就是說了「媽咪呀」，接著是一連串感人肺腑的話語。關鍵就在這句「媽咪呀」，我聽到的時候眞的起了疙瘩，原來身爲媽媽，她聽了非常有感覺，勾起了母親的責任，加上被老師那眞心和誠懇的眼光感動了。這讓我了解到，眞心和誠懇能喚醒客戶內心最眞的情感。

第二是「不要想，只管做」。這是在老師主講的簡報中學會的，當時他問我們每個人的理想和目標，眾人踴躍的說出了排山倒海的大計，正想著如何做的時候，老師突然大聲的說：「不要再想了，現在立即去做吧！」要我們都站起來，馬上付諸行動，這個簡報會議隨即就完結了。眞的很突然，這讓我想起坐言起行的眞正道理！只管做，錯了再改，只有空想而不行動是永遠不會成功的。

第三是「盲目相信」。我們在工作之餘，也有很多集體活動，比如報名參加三日兩夜的訓練營。還記得當時的天氣悶熱，陰雨連綿，由於地點在遠離塵囂的鄉間，來自各方的小動物，尤其蚊蠅特別多，冷氣機也欠奉。老師當然是遊說我們報名參加，雖然這對體能上和思維上都有幫助，但礙於時間、環境、費用等因素，幾乎沒有人想參加。老師叫我們盲目相信便是了，相信鄉間鳥語花香，相信有機會天朗氣清、萬里無雲，相信只有得、沒有失。最後我在稍微不情願的情況下參加了，結果證明老師是對的，連日的陰雨竟然停了，一切進行得順利，人人滿載而歸。

回到我在迪士尼美語的生涯，當想達成目標時，盲目相信產品是最好的，也是在所難免。如果自己都不喜歡這個產品，如何教他人喜愛呢？除了盲目相信產品，也要盲目相信自己一定可以做到，雖然過程中可能有幸運的成分，但在我心無罣礙、盲目相信時，我就是個築夢者，所有的夢想和目標一一都能實現。

結語　成功在成就部屬之後

我在網路上讀到一則故事，節錄下來與你分享。故事是敘述一位美國國防部副部長，在退休後的一場演講，他站在講臺上，整理著事先準備好的講稿，並喝了一口剛帶上講臺、裝在保麗龍杯裡的咖啡，他低頭看著杯子，又喝了一口咖啡後露出微笑。

「你們知道嗎？」他拋開講稿：「去年我也在這裡演講，參加相同的會議，使用相同的講臺，但那時候我是副部長。」他接著說：「我當時搭商務艙過來，有人在機場接機並送我去飯店，到飯店後直接送我到房間，因爲已有人幫我辦好報到手續。第二天早上當我下樓時，大廳早有人在等我，帶著我從貴賓門走進這個會議室的休息室，馬上有人送上一杯咖啡，裝在美麗的陶瓷杯中。」他繼續說：「但是今天我在這裡演講，我已不是副部長。我搭經濟艙過來，昨天抵達機場時沒人接機，所以我搭計程車到飯店，並自己辦理報到手續。今天我從會議室的大門進來，自己找到後臺，我詢問這裡的工作人員是否有咖啡，他指著一部咖啡機，擺在遠方靠牆的桌子上。於是我走過去，自己倒杯咖啡到這個保麗龍杯裡。」他舉起杯子給聽眾看，「我忽然領悟到，」他接著說：「去年他們給我陶瓷杯，根本不是因爲我的關係，而是因爲當時我有一個副部長的職稱，我只應該拿到保麗龍杯。」

「這是我可以送給大家最重要的一堂課。」他說：「你可能會從你的職務得到所有的福利、好處和優勢，但這些其實不是特別給你的，而是給你所擔任的角色。當你脫離那個角色，並且你最終一定會脫離，到時候他們就會把陶瓷杯給那位取代你的人，你永遠只該拿到保麗龍杯。」這是一個發人深省的故事，你可以思考看看，如果面對著同一群部屬，拿掉你的頭銜、拿掉你的職稱，沒了名片、沒了職務，你還具有影響力嗎？

帶領團隊執行任務有兩種方式，一種是透過管理，一種則是透過領導，無論是管理或是領導都能夠達成目的，但是兩者的過程、方式不同，而且多數時候，產生的效果也不同。任何人只要晉陞爲主管，就理所當然成爲管理者，所以主管通常是從管理者的角色開始，有了職位、頭銜，就擁有了權力，可以透過下達指令來指揮團隊，團隊無法拒絕，只能照著指令行事。此時部屬會接受管理者的指令，但團隊的主管是誰並不太重要，因爲大家認定的是公司所賦予的職位與頭銜。

而領導則完全不同，之所以被認定爲領導者，在於個人的行事作爲、誠信、能力、理念等等，得到部屬的認同與肯定，隨之散發讓人願意追隨的個人魅力，所以領導者能被部屬發自內心的接受，不只是表面的服從而已。管理者頂著公司給予的職位才能產生權力，但領導者不一定要有頭銜，任何人都能成爲領導者，只要他具備令人信服的「影響力」。

在此並不是要傳遞「管理」或「領導」，這兩者哪一項比較優秀或重要，而是要提醒帶領團隊的重心在「人」，領導者必須將重心放在團隊成員身上，而不只是冰冷的數字或短期的收益。當你能在團隊中創造共同價值觀、共同文化，讓大家產生互信並了解團隊合作的重要時，就能組建成一支充滿能量的強大軍隊。

本書提到的所有修煉，就是幫助你成爲一位眞正領導者該具備的所有條件，當眞正將管理、領導的重心放在「人」的身上時，才有機會贏得追隨者。管理學之父彼得・杜拉克說過：「有追隨者的人，才是領導者。」如果不希望部屬對你的尊敬，只是因爲名片上的職稱，而想成爲一位眞正有追隨者的領導人，你就必須願意犧牲奉獻，將部屬的需求放在自己的需求之前，眞正關心那些將未來託付在你手上的人，因爲只有團隊成功，你才算眞成功。

記住！領導者的成功在成就部屬之後！加油！

Win 024

為什麼你的團隊不給力？——帶人不帶心，憑什麼衝業績

作　者—梁櫰之
主　編—李國祥
總 編 輯—胡金倫
董 事 長—趙政岷
出 版 者—時報文化出版企業股份有限公司
108019臺北市和平西路三段二四〇號三樓
發行專線—（〇二）二三〇六—六八四二
讀者服務專線—〇八〇〇—二三一—七〇五
（〇二）二三〇四—七一〇三
讀者服務傳真—（〇二）二三〇四—六八五八
郵撥—一九三四四七二四時報文化出版公司
信箱—10899臺北華江橋郵局第九九信箱
時報悅讀網—http://www.readingtimes.com.tw
電子郵箱—genre@readingtimes.com.tw
法律顧問—理律法律事務所　陳長文律師、李念祖律師
印　刷—勁達印刷有限公司
初版一刷—二〇二〇年六月十九日
定價—新臺幣三八〇元

時報文化出版公司成立於一九七五年，
並於一九九九年股票上櫃公開發行，於二〇〇八年脫離中時集團非屬旺中，
以「尊重智慧與創意的文化事業」為信念。

為什麼你的團隊不給力？/ 梁櫰之著. -- 初版. -- 臺北市：時報文化, 2020.06
面；　公分. -- (Win；24)
ISBN 978-957-13-8238-8(平裝)

1.職場成功法 2.組織管理

494.35　　　　109007797

ISBN 978-957-13-8238-8
Printed in Taiwan